动漫与数字媒体专业"十二五"规划教材

3D影像基础

◇主　编：蒋正清　张德镇
◇参　编：李广宇　宁书家
　　　　　闵世豪

湖南大学出版社

内容简介

本书系统阐述了3D影像基础知识和基本技能，包括3D影像简介，3D影像技术的运用，三维数字动画前期制作中的3D影像技术、中期制作中的建模和贴图技术，三维数字动画的渲染与后期制作等内容，并有《家园》等动画制作案例分析。

本书为韩国作者与国内作者合作编写，理论与实践相结合，可作为高校动漫与数字媒体专业教材，也可供动漫与数字媒体专业工作者学习参考。

图书在版编目（CIP）数据

3D影像基础/蒋正清，张德镇主编. —长沙：湖南大学出版社，2012.1
（动漫与数字媒体专业"十二五"规划教材）
ISBN 978-7-5667-0129-9
Ⅰ．①3… Ⅱ．①蒋… ②张… Ⅲ．①三维计算机动画—高等学校—教材
Ⅳ．①TP391.41
中国版本图书馆CIP数据核字（2012）第004538号

动漫与数字媒体专业"十二五"规划教材

3D影像基础

3D Ying xiang Jichu

主　　编：蒋正清　张德镇

丛书总主编：雷珺麟　李若梅
丛书策划：翁子扬

责任编辑：李　由　程　诚
责任印制：陈　燕
设计制作：周基东设计工作室
出版发行：湖南大学出版社
社　　址：湖南·长沙·岳麓山　邮编：410082
电　　话：0731-88822559（发行部）88821174（艺术编辑室）88821006（出版部）
传　　真：0731-88649312（发行部）88822264（总编室）
电子邮箱：liuwangfriend66@126.com
网　　址：http://www.hnupress.com
印　　装：长沙市精美印刷有限公司

规　　格：889×1194　16开
印　　张：12　　　　　　　字数：307千
版　　次：2012年3月第1版　印次：2012年3月第1次印刷
印　　数：1～3 000册
书　　号：ISBN 978-7-5667-0129-9/J.229
定　　价：58.00元

总　序

有人说，只有上帝和动画师能创造生命！

我相信，这也是动画为何能让那么多的人深深为之着迷的原因吧。米尔特说过："我们的动画与别人的不同之处在于它是可信的。我们的物体有体有形，人物有血有肉，我们的幻想具有真实感。"

动画是一门艺术与技术结合于一体的学科，它涉及文学、电影、美术、音乐、传播等多个学科门类。但动画作为当代文化的一种特殊的语言形式，其无与伦比的张力使它不仅仅局限在学科里，不仅仅只是一种艺术形式。更多时候"动画"是一个产业，一个影响着我们生活的庞大而复杂的产业。动漫产业可以说是我国近几年来发展最快而又发展最不满意的产业，其中对人才的需求也是最为迫切的。对高等院校来说，一个新兴的专业成长需要一个过程，有动漫经验的专业老师和优质教材的结合尤为重要。我是一个在动画企业一线工作多年的职业动画人，现转入高校从事动画教学，更深切地感受到了好教材对于培养人才的重要性。回想我在动画企业做艺术总监时，常感叹，招聘来的人才往往并不会制作动画，还得重新进行系统培训；在高校当动画系主任时，又觉得有专业经验的老师不易得，实用的好教材更难得。因此，一直期盼有一套我们国家自己编写的理论与实践结合较好的动画教材。

还记得 2007 年的夏天，若梅女士带着丛书的责编李由先生来访，他们当时已为此丛书付出了两年的心血，并得到了中国电影艺术家协会卡通艺术委员会等权威机构及该委员会秘书长毛勇先生等著名人士的大力支持和帮助。大家对待编写教材的认真态度和敬业精神深深地打动了我，使我这个一直不太热衷于摆弄文字的职业动画人也有了一种使命感。在后来几年中，我和若梅女士等一起承担了大部分教材的组稿与协调工作，团结了一批来自全国各地高校从事多年动漫与数字媒体教育的专家、不同区域的国家动漫产业基地的行业专家和著名企业的一线职业动画人，他们不少是在业内享誉不俗的教育家和动画专家。大家以最大的热忱参与丛书的编写，不厌其烦地共同研讨、论证，抛开了学术上的纷争，抛开了学派的门第，以谨慎负责的态度完成了丛书的编写。

本套丛书是我国动漫与数字媒体设计教育界与产业界合作的成果，丛书的出版旨在为快速有效地培养动漫与数字媒体专业的应用型人才提供合适的教材。在编写中体现了以下几个特点：所有教材的编写者均为高等院校动漫与数字媒体专业的双师型教师或产业界的精英人士，他们有丰富的实践经验和较强的理论基础；教材内容全、知识新，能满足课程教学的需要和专业工作要求，体现了行业最新的知识与技能，采用了最新的资料、图片与案例；教材内容深入浅出，与企业工作实际联系紧密，实用性、指向性强；教材不仅要教会学生怎么去做，而且要教会学生如何去思考；教材提供了延伸的优秀推荐书目，内容涉及拓展和跨界知识点，便于学生有目的性地深入阅读。本丛书既可作为高等院校动画、游戏专业的教材，也可作为动漫游戏产业各类培训班的培训教材，还可供数字娱乐、动漫游戏爱好者参考。

期盼该书的出版与使用能帮助动漫与数字媒体专业的学子们和热爱该专业的朋友们在今后的人生中创造出更多鲜活的"生命"来！

雷珺麟

2010 年 6 月于月湖畔

参编院校

合作企业与行业协会

目录

06 三维数字动画的渲染与后期制作→127

07 数字动画制作案例分析→163

3D影像简介

本章介绍电脑数字图形学的基础知识、基本概念和发展历史与现状，要求学生能够掌握基本专业术语，为进一步学习打下基础。

1.1 数字影像基础知识

　　图像社会或视觉文化时代的来临，已经使影像成为当今一种主导性、全面覆盖性的文化景观。"当代文化正逐渐成为视觉文化,而不是印刷文化,这是千真万确的事实。……声音和影像,尤其是后者,约定审美,主宰公众,在大众社会中,这几乎不可避免。……视觉为人们看见和希望看见事物的欲望提供了许多方便,视觉是我们的生活方式。这一变化的根源与其说是电影电视这类大众传播媒介本身,不如说人类从19世纪中叶开始的地域性和社会性流动,科学技术的发展孕育了这种新文化的传播形式。"[①]

　　计算机的普及、数字技术的发展和多媒体产品的日益丰富,更使文化传播成为21世纪文化中的一种主导性力量。

1.1.1 影像（Image）释义

　　英文单词image在中文中对应的词是影像或图像。根据维基大百科（Wikipedia）的解释,英文image源于拉丁文imago,是人的视觉感知的物质再现。image的概念一直是学术界争论的焦点,不同的研究领域有不同的理解（表1-1）。

　　广义上,image包含了手绘图像、摄影、电影、电视、虚拟现实影像等范围,中文一般称为图像。按照现代符号学的观点,图像是人造符号,它通常代表一个物体（如一朵花）、一个人物（如一幅肖像）或一片风景的外观。图像可以由光学设备获取,如照相机、镜子、望远镜、显微镜等;也可以人为创作,如手工绘画。图像可以记录、保存在纸质媒介、胶片等对光信号敏感的介质上。随着数字采集技术和信号处理理论的发展,越来越多的图像以数字形式存储。

表1-1　图像的定义

图	眼睛看到的景物。
	用照相机、摄像机、录像机等装置获得的照片和图片。
	用绘图机或绘图工具绘制的工程图、设计图、方框图。
像	各种人工美术绘画、雕塑品。
	用数学方法描述的图形。

　　狭义上,Image通常指物体反射、投射或辐射的光线、射线或粒子经

①丹尼尔·贝尔（Daniel Bell），当代著名社会学家。

过摄影（photography）过程记录下来的影像，中文一般使用影像。这里所说的"影像"，主要指由摄影、电视、电影、数码成像、电脑绘画、网络影像所形成的复制性影像世界。

1.1.2 图形与图像的区别

图形与图像两个概念间的区别越来越模糊，但还是有区别的：图像纯指计算机内以位图形式存在的灰度信息，而图形含有几何属性，或者说更强调场景的几何表示，是由场景的几何模型和景物的物理属性共同组成的。

计算机图形学（computer graphics，简称CG）是一种使用数学算法将二维或三维图形转化为计算机显示器的栅格形式的科学。

1.1.3 数字图像

影像的记录方式主要经过了传统化学方式记录、模拟电子信号的影像和现在普及的数字影像三个阶段。

数码影像或数字图像是指任何使用二进制数字（0或1）来记录、存储、应用的影像文件。无论何种格式，它们的共同点是可以用磁盘、闪存等数字设备来存储，在实际工作中，由数码相机、扫描仪、计算机应用软件等生成的影像文件均可称为数码影像。从计算机图形学的角度来看，数字图像（digital image）是个广义的概念，包括了描述图形（矢量图形，graphic），也包括自然图形（点阵图像，image）。目前，数字图像大致可以分为三类：位图（bitmap images）、矢量图（vector graphic）和三维模型（three-dimensional model）。

1.1.4 位图图像（Bitmap）

位图图像也称为点阵图像或绘制图像，是由称作像素（pixel）的单个点组成的。这些点可以进行不同的排列和染色以构成图样。每个像素可以用不同深浅的颜色着色，其颜色范围超过1600万种。在每平方英寸内，像素的数量越多，色调的过渡就越平滑，图像的细节就能够更多，看起来就越逼真。当放大位图时，可以看见赖以构成整个图像的单个方块。扩大位图尺寸的效果是放大单个像素，从而使线条和形状显得参差不齐。然而，如果从稍远的位置观看，位图图像的颜色和形状又是连续的。

图像分辨率：每平方英寸内像素数量决定图像的分辨率（image resolution），分辨率越高，图像的像素看起来越小，电脑屏幕显示图像分辨率在每平方英寸72×72就足够了。分辨率是一个笼统的术语，它指一个图像文件中包含的细节和信息的大小，以及输入、输出或显示设备能够产生的细节程度。操作位图时，分辨率既会影响最后输出的质量也会影响文件的大小。分辨率有多种衡量方法，最典型的是以每英寸的像素数（pixel per inch，PPI）来衡量。

运用绘图软件，可以像在纸上或布上一样在屏幕上绘制图形、符号。目前绘图软件提供了层（layer）的概念，使得图形作品中可以运用多个元素，就像画在多张透明玻璃纸上并把它们叠加在一起。每一层都可以独立移动、缩放上色和变形。基于像素和图层，数字艺术家可以利用任何图像素材进行合成，而且根本看不出任何破绽（表1-2）。

表1-2　位图颜色编码

RGB	位图颜色的一种编码方法，用红、绿、蓝三原色的光学强度来表示一种颜色。这是最常见的位图编码方法，可以直接用于屏幕显示。
CMYK	位图颜色的一种编码方法，用青 C、品红 M、黄 Y、黑 K 四种颜料含量来表示一种颜色。常用的位图编码方法之一，可以直接用于彩色印刷。
索引颜色 / 颜色表	位图常用的一种压缩方法。从位图图片中选择最有代表性的若干种颜色（通常不超过 256 种）编制成颜色表，然后将图片中原有颜色用颜色表的索引来表示。这样原图片可以被大幅度有损压缩。适合于压缩网页图形等颜色数较少的图形，不适合压缩照片等色彩丰富的图形。

色彩深度：又叫色彩位数，即位图中要用多少个二进制位来表示每个点的颜色，是分辨率的一个重要指标。常用有 1 位（单色），2 位（4 色，CGA），4 位（16 色，VGA），8 位（256 色），16 位（增强色），24 位和 32 位（真彩色）等。色深 16 位以上的位图还可以根据其中分别表示 RGB 三原色或 CMYK 四原色（有的还包括 Alpha 通道）的位数进一步分类，如 16 位位图图片还可分为 R5G6B5，R5G5B5X1（有 1 位不携带信息），R5G5B5A1，R4G4B4A4 等。

Alpha 通道：在原有的图片编码方法基础上，增加像素的透明度信息。图形处理中，通常把 RGB 三种颜色信息称为红通道、绿通道和蓝通道，相应地把透明度称为 Alpha 通道。多数使用颜色表的位图格式都支持 Alpha 通道。

1.1.5 矢量图（Vector Graphic）

矢量图是由矢量图形软件运用数字图形算法语言来定义独立的形状和绘制基本的矩形、椭圆和多边形，也可以绘制平滑的曲线，这种贝塞尔曲线[①]可以帮助艺术家创造任何形象。

矢量图是用一系列计算机指令来表示一幅图，如点、线、曲线、圆、矩形等。实际上是用数学方法来描述一幅图，然后变成许多的数学表达式，再编程，用语言来表达。由于矢量图形只保存算法和特征点，所以占用的存储空间比较小。此外，矢量图为无限分辨率，无论放大或缩小，通常不会变形失真。然而，当图变得复杂时，计算机就要花费很长的时间去执行绘图指令。此外，复杂的彩色照片很难用数学方法来描述，因而要采用位图表示。

矢量图和位图之间可以用软件进行转换：矢量图转换成位图采用光栅化（rasterizing）技术；位图转换成矢量图采用跟踪（tracing）技术（表1-3）。

①在数学的数值分析领域中，贝塞尔曲线（Bézier curve）是电脑图形学中相当重要的参数曲线。贝塞尔曲线于 1962 年，由法国工程师皮埃尔·贝塞尔所发表，他运用贝塞尔曲线来设计汽车的主体。贝塞尔曲线最初由 Paul de Casteljau 于 1959 年运用 de Casteljau 算法开发，以稳定数值的方法求出贝塞尔曲线。

表1-3　位图与矢量图比较

类型	组成	优　点	缺　点	常用制作工具
位图	像素	只要有足够多不同色彩的像素，就可以制作出色彩丰富的图像，逼真地表现自然界的景象	缩放和旋转时容易失真，同时文件较大	Photoshop、画图工具等
矢量图	数学向量	文件较小，在放大、缩小或旋转等操作时图像不会失真	不易制作色彩变化太多的图像	Flash、CorelDraw等

1.1.6　立体图像与三维建模

　　立体与平面的区别就是，立体能够将物体的远近透视关系更准确地传递给我们的大脑，大脑再经过连我们自己都难以察觉的速度处理，让我们对物体产生立体的感觉。3D中的"D"是英文dimension（度、维）的英文简写，3D就是三维或三维空间。3D显示技术就是利用人左右眼分别接受不同的画面，然后经过大脑对图像信息进行叠加重生，构成一个具有前后、左右、上下、远近的立体效果的影像。这样显示出的图像就不再局限于平面，画面也可以不受屏幕大小的限制，我们可以仿佛身临其境般地感受到鱼儿在身边穿梭、鸟儿在头顶盘旋、迎面呼啸而来的火车及擦身而过的子弹等立体化场景（图1-1）。

图1-1　3D示意图

　　人之所以能分辨远近，是靠两只眼睛的差距。人的两眼分开约5公分，两只眼睛除了瞄准正前方以外，看任何一样东西，两眼的角度都会不同。虽然差距很小，但经视网膜传到大脑里，大脑就用这微小的差距，产生远近的深度，从而产生立体感。一只眼睛虽然能看到物体，但对物体远近的距离却不易把握。根据这一原理，如果把同一景像，用两只眼睛视角的差距制造出两个影像，然后让两只眼睛一边一个，各看到自己一边的影像，透过视

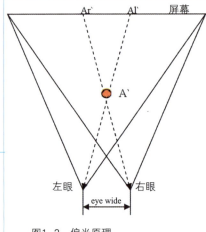

图1-2　偏光原理

网膜就可以使大脑产生景深的立体感了（图1-2）。各式各样的立体演示技术，也多是运用这一原理，我们称其为"偏光原理"。

3D立体电影的制作有多种形式，其中较为广泛采用的是偏光眼镜法。它以人眼观察景物的方法，利用两台并列安置的摄影机，分别代表人的左、右眼，同步拍摄出两条略带水平视差的电影画面。放映时，将两条电影影片带分别装入左、右电影放映机，并在放映镜头前分别装两个偏振轴互成90°的偏振镜。两台放映机须同步运转，同时将画面投放在银幕上，形成左像右像双影。当观众戴上特制的偏光眼镜时，由于左、右两片偏光镜的偏振轴互相垂直，并与放映镜头前的偏振轴相一致，使观众的左眼只能看到左像，右眼只能看到右像。通过双眼汇聚功能将左、右像叠加在视网膜上，再由大脑神经产生三维立体的视觉效果，展现出一幅幅连贯的立体画面，使观众感到景物扑面而来或进入银幕深凹处，能产生强烈的"身临其境"感。

三维建模是利用计算机创建立体图像。三维模型的基本特点：模型在虚拟世界中是"真实"占有空间的；虚拟世界中"摄像机"可以任意移动并改变角度；虚拟世界中有"光影"效果。

三维（3D）是指利用电脑模拟出具有类似于我们现实中的X、Y、Z的三个轴的真实空间。在这个虚拟出来的空间中，可以以不同的视角来观看；可以放置各种不同的物件模型（包括人物或是动物的模型）使之更生动；可以加动画、粒子、任意一件有物理属性的内容，使这个空间更像是现实中的世界。

从本质上讲，三维和二维的最主要差别在于图形中是否完全提供了深度信息。虽然二维中物体可以画得很像三维，但是当观察点改变时，画面必须另行画出。由于物体有了三维深度信息，仅描述一次就可以了，观察者可以从各个角度去观察，三维软件能自动计算光照强度与明暗程度。

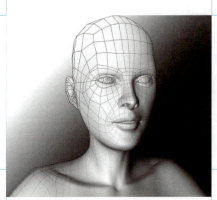

图1-3　三维人物头像模型

大部分三维软件可以创建全三维的模型，并在虚拟的空间中进行安置。通过施加不同的纹理和光线效果，可以创建出令人难以置信的"真实"物体和令人震惊的具有科幻色彩的图像，甚至个性更加鲜明与夸张的卡通效果。三维模型是通过挤压和旋转的方式来绘制轮廓，更加复杂的三维软件提供了更多的变形和建模技巧，使用户可以随心所欲地造型。（图1-3）

在三维软件建立的虚拟世界中的每个物体都被看做立体的对象，由若干个几何多边形构成。存储文件是对模型的描述语句：模型由哪几个多边形组成，它们之间的位置关系，以及在哪个部位使用哪个贴图等描述性内容。在显示时，通过程序对这些语句的解释来实时地合成一个物体。通过若干个立体几何和平面几何公式的实时运算，在平面显示器上能以任意角度来观看三维模型。如果构成物体的多边形越多，那么合成时需要的计算量就越大。贴图是一些很小的图像文件，也被称为"材质"；如果说多边体是物体的骨架，那么贴图就是物体的皮肤。

1.2 数字三维（3D）技术的发展历程

数字三维技术伴随着计算机三维图形技术的发展经历了既漫长又短暂的发展过程。之所以说漫长，是因为从最初3D图形概念的提出到今天3D图形技术全方位、全领域的广泛应用，足足经历了二十多年的时间，甚至比PC机的历史还要漫长；之所以说短暂，是因为3D图形技术真正突飞猛进只是在最近五年，它的更新速度已经超过了电脑CPU的升级换代。

早在1962年，计算机便有了自己的图形学基础理论，那时它的任务仅仅是服务于军事。与此同时，著名艺术家罗伯特·劳申伯格（Robert Rauschenberg）[1]和设计大师乔治·开普斯（George Capps）在60年代成立了专门机构研究电脑图形艺术。虽然从1965年开始，电脑便成为美术家手中的一种新型绘画工具，然而整个六七十年代的实验和探索还是极其艰辛和沉寂的。

1965年，美国犹他大学聘请戴夫·埃文斯（David Evans）创建了该校的计算机科学系。来到犹他大学后，埃文斯陆续聘请了其他一些高级研究员加入该系，这些研究员中最引人注目的是一位年仅30岁的哈佛大学终身教授伊万·萨瑟兰（Ivan Edward Sutherland）。他在麻省理工学院攻读博士学位，他的博士课题是开发三维的交互式图形系统。在博士论文中，他发表了一种被称为几何画板的程序——Sketchpad系统，该程序可以让人们通过一支电笔和计算机显示器来绘制黑白的工程图纸。Sketchpad的工作原理简单说来是这样的：光笔在计算机屏幕表面上移动时，通过一个光栅系统（grid system）测量笔在水平和垂直两个方向上的运动，从而在屏幕上重建由光笔移动所生成的线条。一旦线条出现在屏幕上，就可以被任意处理和操作，包括拉长、缩短、旋转任意角度等，还可以互相连接起来表示任何物体，物体也可以旋转任意角度以显示其各个方位的形态。Sketchpad中的许多创意是革命性的，它的影响一直延续到今天。

这是一个具有划时代意义的发明。它不仅意味着人们可以自由地使用计算机进行绘图，而且有更加令人振奋的意义：试想，当别人还在排着队把打孔卡片程序放进读卡机来最大限度地利用好计算机每一毫秒的运算能力时，你却可以通过几何画板这个神奇的程序，独自使用一台有一间房子那么大的计算机自由地创作你想创作的任何东西，那该有多神奇呀！

在犹他大学计算机科学系的研究生教育过程中，学生们得到充分的尊重，享有充分的自主权。在这种十分难得的氛围中，研究生们自身的科学

[1]罗伯特·劳申伯格（Robert Rauschenberg）1925年出生于美国堪萨斯州，是美国波普艺术的代表人物之一。他曾就学于美国的黑山学院，在黑山学院的经历使他接受了达达主义的艺术观念。在20世纪50年代抽象主义的兴盛期，劳申伯格将达达艺术的现成品与抽象主义的行动绘画结合起来，创造了著名的"综合绘画"，这是他走向波普艺术的开端。1953年他得到了一幅德·库宁（De Kooning）的作品，他用颜料将之涂掉，并将最后的结果作为一个作品展出，命名为《已擦除的德库宁的作品》。通过这种方式，他抹消了西方社会中笼罩在那些曾创造过精美艺术品的大师级人物头上的光环，试图将人们的思想引向一个更为自由的天地，使人们在面对浩繁的艺术传统的时候，还有平和的心态和创造的勇气。20世纪60年代，他开始把大众图像拼贴成大型丝网版画，对波普艺术的发展起了很大的推动作用。他的作品就是要打破艺术与生活的界限，正如他所说："绘画是艺术也是生活，两者都不是做出来的东西。我要做的正处在两者之间。"

研究水平获得了质的飞跃，并取得了重大的成果。亨利·高德，该系一位来自法国的年轻研究生，发明了一种非常有效的方法来处理三维物体的阴影曲线，通过这种方法处理后的三维物体的阴影曲线，比处理前看起来更加流畅[1]。出生在越南的裴祥风[2]则第一个创设出：用近似真实的照明和辅助照明来创建研究对象。这一时期的其他博士生也在计算机图形图像学中陆续扮演着重要角色，他们为当今个人计算机事业的发展奠定了基础。

表1-4　数字三维技术的发展

姓　名	毕业年份	主要研究成果
阿伦·凯博士 Alan Kay	1969	面向对象的程序设计；点击式图像用户界面；研制可以随身携带的只有笔记本大小的计算机。
约翰·沃诺克博士 JohnE.Warnock	1969	开创性地将数码字体与桌面出版系统结合起来，这一成果最终导致他与别人一起创建了 Adobe 系统。[3]
吉姆·克拉克博士 Jim Clark	1974	博士论文是虚拟现实显示；不仅创建了硅谷图像公司（SGI）来研究计算机高速三维图形处理系统，还在万维网即将迎来蓬勃发展的黎明时代与他人一起创建了网景（Netscape）公司。
诺兰·布什内尔 Nolan Bushnell	1969	创办了阿塔里（Atari）公司来推广视频游戏。
艾德·卡姆尔博士 Ed Catmull	1974	1."双三次曲面" 2."Z 缓存" 3."纹理映射"

图1-21　数字三维技术发展代表人物

① 高氏着色（Gouraud Shading）：这种着色的效果比普通的方法要好得多，也是在游戏中使用最广泛的一种着色方式。它可对 3D 模型各顶点的颜色进行平滑、融合处理，将每个多边形上的每个点赋予一组色调值，同时将多边形着色上较为顺滑的渐变色，使其外观具有更强烈的实时感和立体动感，不过其着色速度比平面着色慢得多。

② 裴祥风（Bùi Tường Phong 音译，1942—1975），美国电脑 CG 研究学者，出生于越南。他于 1973 年在犹他大学取得哲学博士学位，并发明了 Phong 反射模型及 Phong 着著色法，并广为 CG 界所采用。1975 年死于白血病。

③ Adobe Systems 是一家总部位于美国加州圣何塞的电脑软件公司。公司由约翰·沃诺克和查理斯·格什克创建于 1982 年 12 月，如今市值达数十亿美元的软件公司 Adobe Systems Incorporated 20 多年来一直致力于帮助用户和企业以更好的成本效益，通过更好的方式表达图像、信息和思想。Adobe 公司在数码成像、设计和文档技术方面的创新成果，在这些领域树立了杰出的典范，使数以百万计的人们体会到视觉信息交流的强大魅力。

微型计算机（PC）的诞生，使得计算机图形学逐步渗透到多种领域并开创了许多崭新的行业。最早提出 3D 影像概念的是一些美国的大学生，他们生活在 20 世纪 70 年代初期，所使用的电脑以中小型机为主。为了使电脑更加直观地反映立体几何模型，他们设想使用一种新的方式来处理电脑图形，于是一些锥体和球体就率先在屏幕上诞生了。这些最初的 3D 图形非常简陋，以现代的眼光来看它们根本就没有任何应用价值，况且从处理手段来说也缺少了很多必要程序。几何体只是由 CPU 建立了骨架，不要说纹理和光源，甚至连今天很平常的"多边形贴图"也没有。唯一反映它们 3D 特性的是可以支持各种视角观察，可以从任何角度实时旋转。无论如何，这是具有非常意义的一步，日后 3D 图形技术的突飞猛进皆由此逐步发展而来。

到了 70 年代中后期，3D 图形技术的研究在军事领域得到进一步发展，其应用目标是各类军用运输工具仿真模拟器的视景生成系统。到了 80 年代，3D 图形技术已经有了长足的进步。美国斯坦福大学的吉姆·克拉克教授率先提出用专用集成电路技术实现 3D 图形处理器的设想，并随后与他的学生创立了 SGI 公司，于 1984 年推出了世界上第一个通用图形工作站 IRIS 1400。它的出现使 3D 图形处理的概念彻底改变。3D 物体不再仅停留于骨架生成阶段，多边形绘制、贴图处理乃至光源计算都被逐步加入到处理过程中。虽然处理速度还不尽如人意，但光彩和质感已经赋予了这项原本死气沉沉的前沿技术生命和活力，使它以全新直观的面貌展现在大众面前，那些光鲜逼真的 3D 物件比之枯燥抽象的几何体不知要有多少倍说服力。3D 图形处理技术的优势正是从这个阶段才开始被人们所承认和关注，并被广泛应用于工业设计领域，它的立体透视功能是以往的平面设计方式所无法比拟的。从 80 年代中后期开始，3D 图形处理已经在航天、汽车设计等领域完全替代了原有的 2D 设计方式。

如果 3D 图形处理不被应用到娱乐业，那么它可能永远无法成为一项通用技术，因此也就无法得到更好、更迅速的发展。在 90 年代，随着新型 SGI 三维图形工作站的问世，好莱坞电影率先将 3D 技术带入到民用领域，《侏罗纪公园》等一批由电脑担纲虚拟图像生成处理的影片纷纷问世，3D 图形技术的神奇进一步被普通人所认识。

在电玩界，世嘉率先推出三维格斗游戏《VR 战士》，凭借其最新的 Model1 主板不凡的 3D 处理能力，这款 3D 格斗的开山之作获得了巨大的成功。在那个《街霸》、《侍魂》等传统 2D 格斗游戏如日中天的年代，世嘉此举不能不算大智大勇。在这个时期，个人电脑也已经发展到相当的地步，完全取代了传统的中、小型机。典型的处理器是 Intel 486，综合处理能力超过 20MIPS，这样的性能使实时 3D 图像处理成为可能。3D 图形加速卡也就应运而生，首先出现的是 Matrox 的产品 MGA 图形卡。虽然它仍以 2D 处理为主，但已经确实具备一些 3D 图形处理能力，支持硬件渲染和多边形加速，但当时配套的 3D 图形软件还很少。PC 上第一款即时 3D 处理的游戏同样也是对战类：由 Citerion Software 制作，47-TEK 发行的《Sentoo VR 战斗》，制作者凭借来自《VR 战士》的灵感，决定在 PC 上开发一款类似的 3D 格斗游戏。但受限于 PC 机当时仍很脆弱的 3D 处理机能，游戏质量还是不尽如人意。在有了 MGA 3D 卡加速的情况下，游戏勉强可以达到 640×480×64K 色模式。虽然这款游戏没有获得预期的如《VR 战士》般的轰动，但正是它率先将即时 3D 图形处理带到 PC 机上，为今后的发展开创了先河，因此值得我们永远记住。《Sentoo VR 战斗》使用的绘图引擎 Render Ware 也就成为 PC 上的第一个即时 3D 引擎。

当前，3D 影像技术的最新发展是在虚拟现实（VR）和增强现实（AR）技术中的运用。虚拟现实技术是 20 世纪末才兴起的一门崭新的综合性信息技术，它融合了数字图像处理、计算机图形学、多媒体技术、传感器技术等多个信息技术分支，从而大大推进了计算机技术的发展。由于它生成的视觉和听觉环境是立体的，人机交互是和谐友好的，因此虚拟现实技术一改人与计算机之间交流方式枯燥、生硬和被动的现状，创造的环境使人们陶醉其中。虚拟现实技术具有"3I"的特点：强烈的身临其境"沉浸感"（immersion）；友好亲切的人机"交互性"（interaction）；发人想像的"想象力"（imagination）。虚拟现实技术是 21 世纪信息技术的代表，它的发展不仅从根本上改变了人们的工作方式和生活方式，将劳和逸真正结合起来，人们在享受环境中工作，在工作过程中得到享受，而且它与美术、音乐等文化艺术的结合，将诞生人类的第九艺术。

互联网的出现及飞速发展使各个行业和领域都发生了深刻的变化，同时引发了一些新技术的出现。互联网三维技术就是其中之一。互联网三维技术的出现使三维图形技术正在发生着微妙而深刻的变化，互联网虚拟技术因此也丰富了起来。VRML 是互联网三维图形技术的开放标准，是三维图形和多媒体技术通用交换的文件格式，它基于建模技术，描述交互式的三维对象和场景，不仅可以应用在互联网上，也可以应用在本地客户系统中，应用范围极广。由于网上传输的是模型文件，故其传输量小于视频图像，VRML 可使任何一个三维图形爱好者制作出可在互联网上实时渲染的三维场景模型及虚拟仿真场景。现在，新一代的互联网三维图形的标准 X3D 也已经发布，这为互联网三维图形发展提供了广阔的前景。无论是小型的具有三维功能的网络客户端应用，还是高性能的广播站应用，X3D 都是大家共同遵循的标准，从而结束了当前互联网三维图形的混乱局面。这样也可以保证这种软件的开发具有交互操作性，使互联网虚拟技术更加强大，在更多的领域如电子商务、联机娱乐休闲与游戏、科技与工程的可视化、教育、医学、地理信息、虚拟社区等发挥着重要作用。

【本章小节】

表1-5　图形类型与原理

图形类型	图形原理	常用软件
位图	又称光栅图，是使用像素阵列来表示的图像，每个像素的色彩信息由 RGB 组合或者灰度值表示。根据颜色信息所需的数据位分为 1、4、8、16、24 及 32 位等，位数越高颜色越丰富，相应的数据量越大。其中使用 1 位表示一个像素颜色的点阵图，因为一个数据位只能表示两种颜色，所以又称为二值点阵图。通常使用 24 位 RGB 组合数据位表示的点阵图称为真彩色。	Photoshop Painter 等
矢量图	又称向量图形是计算机图形学中用点、直线或者多边形等基于数学方程的几何图元表示的图像。矢量文件中的图形元素称为对象。每个对象都是一个自成一体的实体，它具有颜色、形状、轮廓、大小和屏幕位置等属性。既然每个对象都是一个自成一体的实体，就可以在维持它原有清晰度和弯曲度的同时，多次移动和改变它的属性，而不会影响图例中的其他对象。	Coreldraw Illustrator Freehand XARA 等
三维模型	在三维软件建立的虚拟世界中的每个物体都被看做立体的对象，由若干个几何多边形构成。通过若干个立体几何和平面几何公式的实时运算，在平面显示器上能以任意的角度来观看三维模型。	3ds Max MAYA Softimage XSI Lightwave 3D Cinema 4D Flint 等

【思考题】

1. 简述 3D 影像技术的发展历史。

3D影像技术的运用

本章介绍 3D 影像技术在相关领域的运用情况，通过介绍大量案例使学生开阔眼界，同时掌握丰富的网络资源，为进一步学习提供动力。

2.1 3D影像技术在三维数字动画中的运用

通过世界上最优秀的三维动画公司网址欣赏其代表作品，达到提升审美品位和了解市场的目的。

2.1.1 皮克斯动画工作室（Pixar Animation Studio）
http://www.pixar.com/

皮克斯动画工作室（Pixar Animation Studio），于1986年正式成立，至今已经出品十二部动画长片和超过30部动画短片。可以说是一家继迪士尼公司之后，对动画电影历史影响最深远的公司。公司于2006年被迪士尼收购，成为其全资子公司。

图2-1 皮克斯公司主页

图2-2 皮克斯动画短片《顽皮跳跳灯》

　　1987年，皮克斯的短片《顽皮跳跳灯》获得奥斯卡最佳动画短片提名，并获得旧金山国际电影节电脑影像类影片第一评审团奖——金门奖。

表2-1 皮克斯公司主要动画电影作品

《玩具总动员》 Toy Story 1995年	最佳音乐或喜剧片配乐提名最佳歌曲提名 1996年奥斯卡特殊成就奖 最佳原著剧本提名	
《虫虫危机》 A Bug's Life 1998年	1999年奥斯卡最佳音乐和喜剧片配乐提名	
《玩具总动员2》 Toy Story 2 1999年	2000年奥斯卡最佳歌曲提名	

《怪兽电力公司》 Monsters, Inc. 2001 年	2002 年奥斯卡最佳歌曲奖 最佳动画长片提名 最佳音效剪辑提名 最佳原创配乐提名	
《海底总动员》 Finding Nemo 2003 年	2004 年奥斯卡最佳动画长片奖 最佳原著剧本提名 最佳电影配乐提名 最佳音效剪辑提名	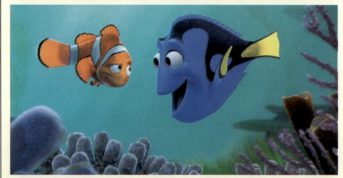
《超人总动员》 The Incredible 2004 年	2005 年奥斯卡最佳动画长片奖 最佳音效剪辑奖 最佳原著剧本提名 最佳混音提名	
《赛车总动员》 Cars 2006 年	2007 年奥斯卡最佳动画片奖提名 最佳歌曲提名 2007 年金球奖最佳动画片奖 2007 年格莱美奖最佳电影原声带奖	
《料理鼠王》 Ratatouille 2007 年	第 80 届奥斯卡金像奖最佳动画长片奖 最佳原著剧本提名 最佳配乐提名 最佳音效剪辑提名 最佳混音提名	

《机器人瓦力》 WALL.E 2008 年	第 81 届奥斯卡金像奖最佳动画长片奖 最佳原著剧本提名 最佳配乐提名 最佳歌曲提名 最佳音效剪辑提名 最佳混音提名	
《飞屋环游记》 Up 2009 年	第 82 届奥斯卡金像奖最佳动画长片奖 最佳配乐奖 最佳影片提名 最佳原创剧本提名 最佳配乐提名 最佳音效剪辑提名	
《玩具总动员 3》 Toy Story 3 2010 年	第 83 届奥斯卡金像奖最佳动画长片奖 最佳原创歌曲奖 最佳影片提名 最佳改编剧本提名 最佳音效剪辑提名	
《赛车总动员 2》 Cars 2 2011 年		

表2-2 皮克斯公司主要动画短片作品

《安德鲁和威利的冒险》 (The Adventures of André and Wally B, 1984年, 乔治·卢卡斯电影公司的作品。)	
《小台灯》 (Luxo Jr, 1986年, 由两盏台灯演出, 其中的小台灯变成了今天皮克斯的公司标志。)	
《Red 的梦》 (Red's Dream, 1987年, 讲述单轮车的梦想。)	
《小锡兵》 (Tin Toy, 1988年, 一个可怜的敲鼓小兵, 还有一个可怕的婴儿, 这是皮克斯第一次尝试做出人体动作跟模型。)	

《小雪人大行动》
(Knick Knack, 1989 年，小雪人为了离开玻璃球所做的行动。)

《棋局》
(Geri's Game, 1997 年，奥斯卡最佳动画短片奖。皮克斯花了将近十年的时间，总算将人类动作、表情还有皮肤毛发等，做到栩栩如生的境界，本片中的基里先生后来出现在《玩具总动员2》中修理玩具。)

《鸟！鸟！鸟！》
(For the Birds, 2000 年，奥斯卡最佳动画短片奖。)

《大眼仔的新车》
(Mike's New Car, 2002 年《怪兽电力公司》的小小外传。)

《跳跳羊》
(Boundin', 2004 年，奥斯卡最佳动画短片奖提名。一只小绵羊每到秋天都要被剪羊毛，从开始的沮丧到后来的接受生活，很有意思的情节。)

《小杰的攻击》

（Jack-Jack Attack，2005 年《超人总动员》里面超人一家最小的会变身的孩子小杰的电影延伸短片。）

《单人乐队》

（One Man Band，2005 年，奥斯卡最佳动画短片奖提名。两个街头艺人为了小女孩手里一枚金币大动干戈。）

《绑架课》

（Lifted，2006 年。外星人将一位农夫吸进 UFO 的故事。）

《拖线遇上鬼火》

（Mater and the Ghost Light，2006 年《赛车总动员》中拖线奇遇的短片故事。）

《魔术师和兔子》

（Presto，2007 年。一位魔术师因为不给他的兔子助手红萝卜吃，所以兔子不与魔术师合作，使得魔术师在表演时出粮。）

《人类老鼠大接触》
(Your Friend The Rat, 2007 年《料理鼠王》附录短片大小米简易介绍老鼠史。)

BURN-E
(BURN-E, 2008 年 "WALL·E" 附录短片, 机器人维修太空船的小故事, 剧情发展与主线平行。)

《晴时多云》
(Partly Cloudy, 2009 年《飞屋环游记》附录短片, 讲述云朵和鹳鸟间的小故事。)

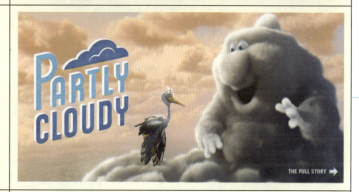

《道格的特别任务》
(Dug's Special Mission, 2009 年《飞屋环游记》附录短片, 讲述 Dug 在遇到老人与小孩前发生的事。)

《日与夜》
(Day & Night, 2010 年《玩具总动员 3》附录短片, 描述代表日与夜的两个向导, 从互相看不顺眼到相互欣赏的故事。)

2.1.2 蓝天工作室（Blue Sky Studios）
http://www.blueskystudios.com/

　　蓝天工作室（Blue Sky Studios）是一个CGI动画工作室（图2-3），专攻实境影像、高解析影像、电脑产生的动画。他们的特长是动画电影，包括《冰河世纪》系列（2002年）、《荷顿奇遇记》（2008年）和《里约大冒险》（2011年）。蓝天工作室完成了许多生动的电影，主要成果在集成生动的动作和产生电脑动画方面。

　　蓝天工作室成立于1987年，由一群之前在华特迪士尼影片应用数学组工作的艺术家和工程师所创。在20世纪90年代前，工作室专注于生产商业电视影片和开发电影的视觉效果。那时蓝天使用他们的动画生产线，为客户生产了超过200部小作品。之后，他们在1997年被20世纪福克斯收购，被合并为以洛杉矶为基地的特殊视觉效果工作室VIFX。VIFX被关闭后，蓝天工作室重新专注于动画片的制作。

LATEST...

"Rio" will be Blue Sky's next big 3-D adventure! [+]

INSIGHTS...

"What does 'Boat' mean?" This will be a tough one to explain, I was a film major [+]

NOW HIRING...

Interested in joining our team? Search our job listings for available positions! [+]

图2-3　蓝天工作室官方主页

表2-3　蓝天工作是主要动画短片作品

短片	
	《棕兔夫人》 Bunny 1998 年 http://bunny.blueskystudios.com/bunny_home.html
	《消失的松果》 Gone Nutty 2002 年
	《松鼠、坚果和时间机器》 No Time for Nuts 2006 年
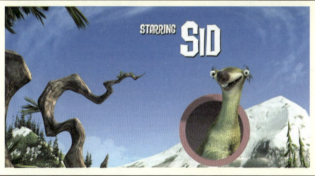	《幸存的希德》 Surviving Sid 2008 年
	《大陆之所以漂移》 Scrat's Continental Crack up 2010 年

长片	
	《冰川时代》 Ice Age 2002 年 http://www.iceagemovie.com/
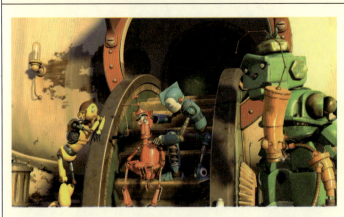	《机器人历险记》 Robots 2005 年
	《冰川时代 2》 Ice Age: The Meltdown 2006 年

《霍顿奇遇记》
Horton Hears a Who!
2008 年

《冰川时代 3》
Ice Age:Dawn of the Dinosaurs
2009 年

《里约大冒险》
Rio
2011 年
http://www.rio-themovie.
com/#/video

2.1.3 梦工厂（DreamWorks）

http://www.dreamworksanimation.com

梦工厂（DreamWorks SKG）是美国排名前十的一家电影洗印、制作和发行公司，同时也是一家电视游戏兼电视节目制作公司（图2-4），制作发行的电影有十多部票房收入超过一亿美元。

电影公司始建于 1994 年 10 月，三位创始人分别是史蒂文·斯皮尔伯格（代表 DreamWorks SKG 中的"S"），杰弗瑞·卡森伯格（代表 DreamWorks SKG 中的"K"）和大卫·格芬（代表 DreamWorks SKG 中的"G"）。梦工厂的产品包括电影、动画片、电视节目、家庭视频娱乐、唱片、书籍、玩具和消费产品。2005 年 12 月，三位创立人决定把它卖给维亚康姆，梦工厂也就归到维亚康姆的总公司派拉蒙电影公司旗下。这个交易于 2006 年完成，梦工厂的动画部门于 2004 年独立成为梦工厂动画公司，现在并不属于维亚康姆派拉蒙电影公司，但是电影的世界发行由派拉蒙公司负责。

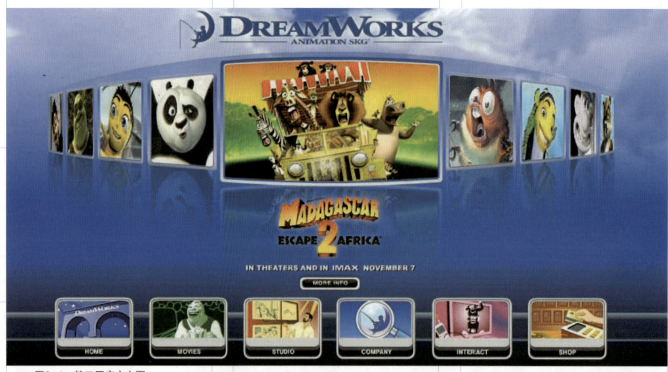

图2-4　梦工厂官方主页

表2-4　梦工厂动画作品

1	守护者 The Guardians（2011）
2	功夫熊猫 2 Kung Fu Panda 2（2011）
3	超级大坏蛋 Megamind（2010）
4	怪物史莱克 4 Shrek 4（2010）
5	驯龙高手 How to Train Your Dragon（2010）
6	怪兽大战外星人 Monsters vs. Aliens（2009）
7	马达加斯加的企鹅第一季 The Penguins of Madagascar Season 1（首播时间：2008 年 11 月 28 日）
8	功夫熊猫 Kung Fu Panda（2008）
9	马达加斯加 2 Madagascar 2（2008）

10	怪物史莱克 3 Shrek the Third（2007）
11	蜜蜂大电影 Bee Movie（2007）
12	篱笆墙外 Over the Hedge（2006）
13	马达加斯加 Madagascar（2005）
14	超级无敌掌门狗 IV：人兔的诅咒 Wallace & Gromit in
15	鲨鱼故事 Shark Tale（2004）
16	怪物史莱克 2 Shrek 2（2004）
17	史莱克·四度空间 Shrek 4-D（2003）
18	戴帽子的猫 The Cat in the Hat（2003）
19	小马精灵 Spirit: Stallion of the Cimarron（2002）
20	怪物史莱克 Shrek（2001）
21	小鸡快跑 Chicken Run（2000）
22	勇闯黄金城 The Road to El Dorado（2000）
23	蚁哥正传 Antz（1998）
24	埃及王子 The Prince of Egypt（1998）

图2-5 梦工厂动画作品1

图2-6 梦工厂动画作品2

2.1.4 华纳兄弟

http://www.warnerbros.com/

华纳兄弟娱乐公司（Warner Bros. Entertainment, Inc.）或者简称华纳兄弟（Warner Bros.），是全球最大的电影和电视娱乐制作公司（图2-7）。目前，该公司是时代华纳旗下子公司，总部分别位于美国加利福尼亚州的伯班克和纽约市。华纳兄弟包括几大子公司，其中有华纳兄弟影业、华纳兄弟制片厂、华纳兄弟电视制作、华纳兄弟动画制作、华纳家庭录影、华纳兄弟游戏、华纳电视网、DC漫画和CW电视网。华纳兄弟成立于1918年，是美国成立的第三家电影公司，前两家为派拉蒙电影公司和环球影业，均成立于1912年，后者是米高梅影业。

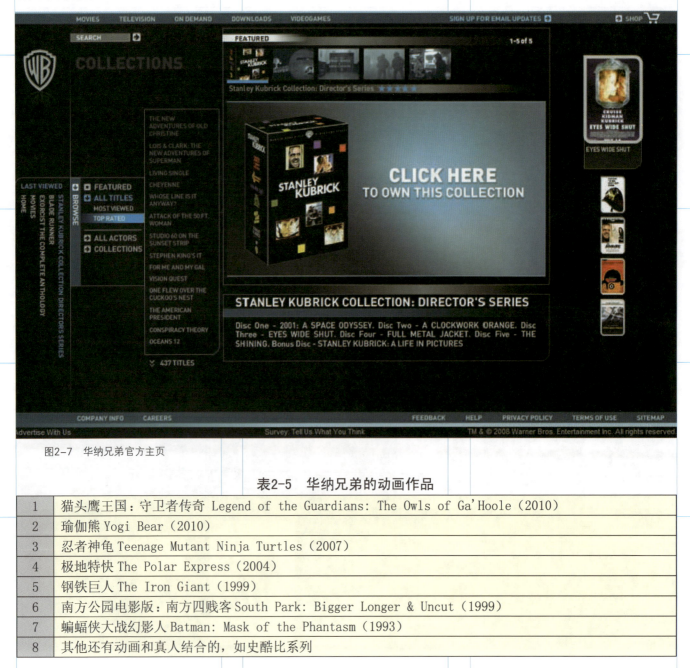

图2-7 华纳兄弟官方主页

表2-5 华纳兄弟的动画作品

1	猫头鹰王国：守卫者传奇 Legend of the Guardians: The Owls of Ga'Hoole（2010）
2	瑜伽熊 Yogi Bear（2010）
3	忍者神龟 Teenage Mutant Ninja Turtles（2007）
4	极地特快 The Polar Express（2004）
5	钢铁巨人 The Iron Giant（1999）
6	南方公园电影版：南方四贱客 South Park: Bigger Longer & Uncut（1999）
7	蝙蝠侠大战幻影人 Batman: Mask of the Phantasm（1993）
8	其他还有动画和真人结合的，如史酷比系列

2.1.5 索尼影视娱乐公司

http://www.sonypictures.com

索尼影视娱乐公司（Sony Pictures Entertainment, Inc.），简称为SPE，成立于1924年，原名为哥伦比亚三星电影公司，是历史相当悠久的电影公司（图2-8）。

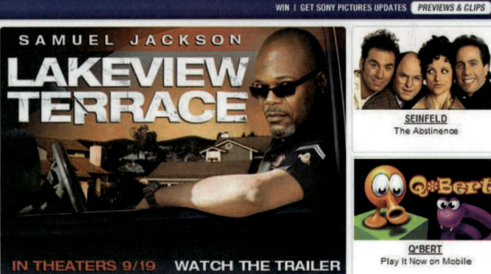

图2-8　索尼影视官方主页

2.1.6 Square-Enix

http://www.square-enix.co.jp/

Square Enix Co., Ltd.（Square Enix）。位于日本东京，是 Square Enix Holdings Co., Ltd. 的全资子公司（图2-9）。负责在亚洲、北美和欧洲开发、出版和发行娱乐产品，包括交互式娱乐软件和出版物。Square Enix 拥有两款日本最畅销的产品：Final Fantasy（《最终幻想》全球已卖出9700万套以上）（图2-10），Dragon Quest（《勇者斗恶龙》全球已卖出5400万套以上）。Square Enix 是全球最有影响力的数字娱乐内容提供商之一，并在此基础上持续推动创新。

图2-9　Square-Enix官方主页

图2-10　动画电影《最终幻想》

2.1.7 Blur Studio

http://www.blur.com

Blur Studio 是业界最知名的 CG 动画公司之一（图 2-11），成立于 1995 年。工作室位于美国加利福尼亚州，是一个艺术级的特效动画工作室。他们的作品主要涉及游戏行业，同时还涉足电影、商业和音乐电视等领域（表 2-6）。

在软件方面，Blur Studio 从 DOS 版本的 3ds 1.0 就开始使用它，3ds max 发布以后 Blur Studio 顺理成章开始使用 3ds max，并且他们也是 Autodesk 的 beta 版测试组成员。Blur Studio 从 2006 年开始使用 XSI 制作角色和表情动画，在建模、灯光、材质和渲染方面仍然使用 3ds max，仅仅是用 XSI 来制作角色和表情动画。

在动画方面 Blur 工作室制作过很多优秀的影片，如曾获奥斯卡金像奖最佳动画短片提名的 "Gopher Broke"。Blur 的目标是创造自己的电影和短片，自己编剧、导演，有自己的生产线，做自己的故事，每年都能做出新的作品。工作室里的每个人都可以提出任何形式的创意，一些人负责编写故事大纲，一些人负责绘制故事板，其他的人写故事剧本。然后所有的管理者在一起投票选出最好的题材。这样就得到了不同题材的故事：科幻题材、动作片、戏剧及卡通片。

2004 年，Blur 第一次被奥斯卡提名的是最初的短片 "Gopher Broke"。这是部策划已久的电影短片。今天，随着动作捕捉系统水平的不断发展，Blur Studio 的导演、制片人和艺术家们通过这一方式在电脑中把生命带给不同类型的虚拟生物。最近，Blur Studio 与詹姆斯·卡梅隆合作创作了科幻大片《阿凡达》，还有诸如卢卡斯艺术的宣传片《星球大战旧共和国》和《原力释放》。

图2-11　模糊工作室官方主页

表2-6　Blur Studio的代表动画作品

	《绅士的决斗》 A Gentleman's Duel
	《地鼠的故事》 Gopher Broker
	《野人》 In the Rough
	《打手》 Goon

2.1.8 Kaktus film

http://www.kaktusfilm.com/

　　Kaktus 电影公司是瑞典最有经验和最知名的三维动画、视觉效果和动作设计工作室之一。公司的基地在斯德哥尔摩，他们为国内和国际客户创造出了令人惊叹的视觉广告和故事。

图2-12　Kaktus film官方主页

图2-13　动画《疯狂青蛙》

2.1.9　环球数码创意控股有限公司

http://www.idmt.com.cn/index.htm/

环球数码创意控股有限公司（下称"环球数码"）于 2002 年 10 月成立，并于 2003 年 8 月在香港联合交易所有限公司创业板上市。环球数码与其附属公司致力于发展与数码相关的文化产业业务，包括文化产业园、三维动画创作与制作、三维动画人才培训及数码影院解决方案。

环球数码是中国最早从事三维动画影视创作及制作的公司，拥有具国际领先水平的三维动画生产线和管理控制系统，建立了国内数码文化产业的主导地位。公司能自行研发、策划、制作和发行各种类型的三维动画电影及电视剧，积极开拓海外市场，推动文化产品出口，获"中国服务外包成长型企业 100 强"的殊荣。多部动画短片获国内外专业大奖，电视剧作品获得好莱坞及欧洲制片商、发行商的认可和高度评价。目前已与美国、法国、意大利、澳大利亚、比利时、约旦等多个国家和地区的知名动画公司建立了合作伙伴关系。《夏》是环球数码出品的一部独立短片，并成为中国大陆入选 Siggraph 国际计算机图形图像领域最高级别年会的第一部作品。

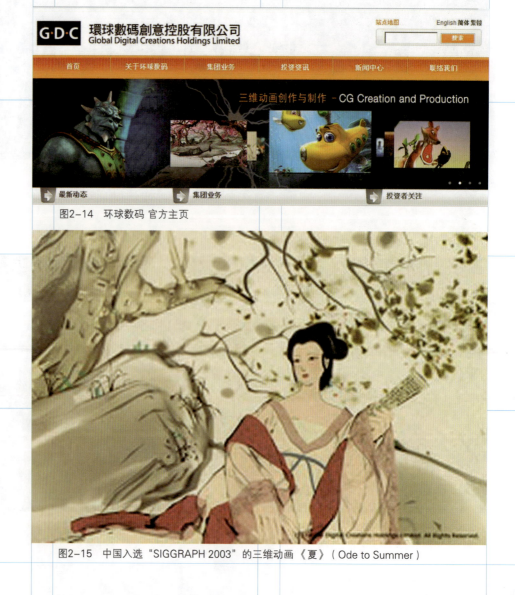

图2-14　环球数码 官方主页

图2-15　中国入选 "SIGGRAPH 2003" 的三维动画《夏》（Ode to Summer）

2.1.10 水晶石影视传媒科技有限公司

http://www.crystalcgstudio.com/

北京水晶石影视传媒科技有限公司（原名：北京水晶石影视动画科技有限公司）正式成立于 2007 年，致力于以数字化三维技术为核心，为客户提供基于数字图像服务的整体解决方案。其母公司北京水晶石数字科技股份有限公司创始于 1995 年，在中国北京、上海、深圳、南京等国内外十座城市设有分支机构，是亚洲最大的可视化应用公司。

北京水晶石影视传媒科技有限公司汇集影视、文化、历史、考古、建筑、工程、新媒体等多方资源，和海内外资深影视艺术家有多方面合作，拥有世界顶级影视动画内容生产线和生产配套系统，是国内少数可自行研发、策划、制作、承接国际水准三维动画制作、影视特效、电视纪录片和宣传片的专业影视动画公司之一。

公司的核心业务分为影视制片、影视特效、大型活动、商业互动四大类。公司成立后已先后承接 2008 年北京奥运会、2010 年上海世博会、2011 年深圳大运会、2012 年伦敦奥运会、《赤壁》、《故宫》、《大国崛起》、百集动画长篇《福娃奥运漫游记》、《奥运 ABC》、《东风雨》、伦敦奥运吉祥物发布动画片等多项重大项目。

图2-16 水晶石官方主页

2.2 3D影像技术在影视中的运用

随着作为高科技产物代表的电脑及其相关技术的飞速发展，3D影像技术在电影产业中的作用日益明显。如在电影制作过程中的电脑特效技术，就是运用电脑高科技手段对在影片拍摄制作过程中很难或无法达到的图像目标，进行技术弥补，从而达到与实景拍摄同样或接近实景拍摄效果的一种新兴技术。

图2-17 侏罗纪公园

侏罗纪公园 Jurassic Park
第一部运用3D影像技术的电影。
首发时间： 1993-06-09
影片导演： 史蒂文·斯皮尔伯格
Steven Spielberg
主要演员： 萨姆·尼尔 劳拉·邓恩 杰夫·戈德布 理查德·阿滕 马丁·费雷罗 约瑟夫·梅泽

图2-18 玩具总动员

玩具总动员 Toy Story
第一部完全计算机动画的电影。
年代： 1995
产地： 美国
导演： 约翰·拉塞特
主演： 汤姆·汉克斯 蒂姆·艾伦
Don Rickles

图2-19

第五元素 The 5th Element
这部影片穿插了超过200个视觉效果镜头，利用模具和CGI（计算机合成影像）等特技，为观众展现了2259年纽约高楼林立的建筑物轮廓、不胜枚举的太空景色，以及各种形变效果。可谓是一场色彩逼真、纹理精细的视觉盛宴，让观众一饱眼福。
年代： 1997
产地： 法国
导演： 吕克·贝松

图2-20

星战前传之西斯的复仇 Star Wars: Episode
这部影片是工业光魔公司——Industrial Light & Magic（ILM制作电脑特效技术，该公司和卢卡斯本人为电脑特效技术的发展做出了巨大贡献）。
年代： 2005
产地： 美国
导演： 乔治·卢卡斯 George Lucas
主演： 布鲁斯·威利斯 加里·奥德曼 伊安·霍姆

图2-21

黑客帝国 The Matrix
澳大利亚的Animal Logic工作室利用非凡想象力，创造出《黑客帝国》中腾空射击、全方位拍摄等一系列影像经典镜头，足以载入电影史册。应用了Discreet公司著名的高级影视特技制作系统inferno*的具有突破性的特技制作技术，重新定义了数字视觉效果，创建和合成的超常的现实世界、难以忘怀的人物角色和史诗般的战斗场面，经过inferno*这个首席的在线非压缩特技合成系统进行制作并取得了空前的写实主义效果。
年代： 1999
产地： 美国
导演： 安迪·沃卓斯基 拉里·沃卓斯基
主演： 凯瑞-安·莫斯 基努·李维斯 劳伦斯·菲什伯恩

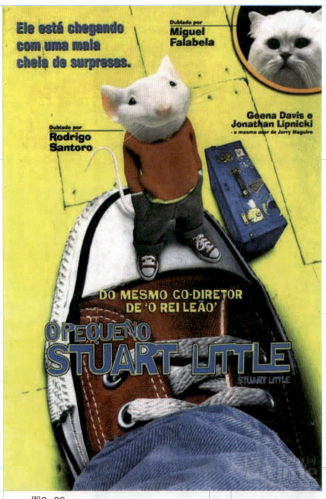

图2-22

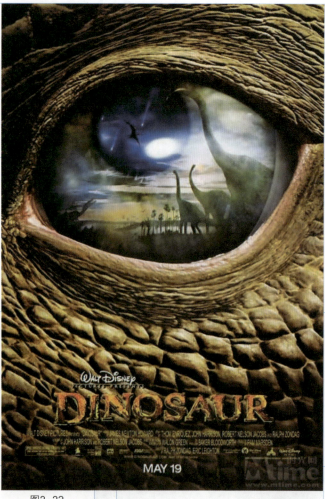

图2-23

精灵鼠小弟 Stuart Little
本部影片是第二部真人加3D动画合成影片，从Stuart真实到令人震撼的毛发、服装、动作中间，我们明显可以感觉到电脑3D技术的大跨步飞跃。
年代： 1999
产地： 德国
导演： 罗伯·明可夫
主演： 吉娜·戴维斯 休·劳瑞 乔纳森·利普尼基

恐龙 Dinosaur
电影史上的巨作，迪士尼耗资3.5亿美元制作的《恐龙》，是世界上最早一部实景拍摄加数码影像合二为一的电影，1300个电影特效镜头展现了活动的、写实的、会说话的三维恐龙及其它生物，将观众完全带入一个亦幻亦真的史前恐龙世界，堪称世界电影史上的奇迹。
年代： 2000
产地： 美国
导演： Eric Leighton Ralph Zondag

2.3 3D影像技术在游戏中的运用

过去，受限于电脑的硬件及技术等种种原因，3D技术未能广泛使用。很多游戏软件都是二维的，就如一张活动在平面上的动画。二维游戏很少能带给玩家非常强的参与感，这种结果一直使游戏软件开发者比较遗憾，同时玩家也难以更深层地感受游戏。

而随着3D影像技术的悄然诞生，由于它可以实现逼真的效果，可以表现出奇幻的感觉，可以完成各种迷人的特效，越来越多的人对它青睐有加，3D也渐渐出现在一款款游戏软件中。

目前，运用现有软件进行3D模型绘制的技术已经逐渐成熟，广泛应用在电影制作与工业生产中。相对于这些已预先制作出的3D效果来说，即时演算的3D画面所涉及的技术就要困难得多。即时3D技术所追求的不仅仅是画面的精细程度，更重要的是运算的速度。要让电脑能够即时生成运动的图像是一件十分困难的事，实现画质与速度的高度统一是3D影像技术发展的重点方向。在游戏软件中，通过3D实时渲染技术表现高质量的游戏画面，游戏开发人员们运用各种巧妙的办法，实现一个又一个奇妙的效果，使3D的游戏世界，充满了无穷的乐趣。

《VR战士》系列是SEGA于1993年推出的奠定3D格斗游戏的里程碑之作。

图2-24 《VR战士5》游戏截图

1992 年由卡马克发行制作的《德军总部 3D》（Wolfenstein 3D）揭开了游戏 3D 时代的序幕。它在显示器上展现了一个"三维"的空间，人们可以在里面探索。然而这并不是真正的 3D，充其量称为 2.5D，因为它依然是由一些简单的二维画面所构成，只是应用了射线追踪算法与材质贴图技术才使得人们产生了立体的感觉。那个时期，材质贴图无疑成为了技术的焦点（图 2-25）。

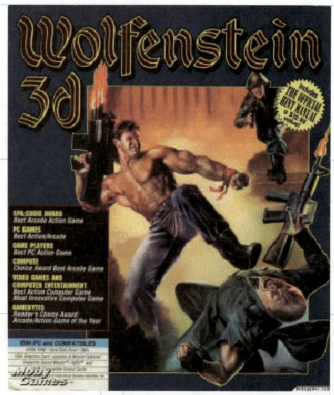

图2-25　《德军总部3D》

1993 年，卡马克继《德军总部 3D》后又一部作品《毁灭战士》（DOOM）的发行，为即时 3D 技术的真正到来做了更进一步的准备。任意形状多边形的绘制、更多的材质贴图、亮度衰减、二叉空间分割法等新技术的出现，使人们能够在电脑上看到一个更为逼真的世界。号称"精确到每个像素"的《毁灭战士 3》确实没有让人们失望，它那 CG 电影大片级的视觉效果着实让人难以忘怀。彻底使用动态光源照明技术使得游戏中的光影效果完全符合现实，能同时处理多个光源，成为了《毁灭战士 3》引擎的重要特性；而更为夸张的是它采用了以往游戏中从来没有过的超多层纹理贴图技术。标准纹理、内积凹凸贴图（Bump Mapping）、光泽纹理、明暗纹理、多边形贴图……这些多层纹理技术的应用，使物体的外观几乎可以乱真。顶点引擎（Vertex Shader）的创造，使得过去许多过于复杂且耗用资源的技术得以大规模应用。全局的内积凹凸贴图与体积阴影技术便是依靠它来实现的，再加上"智能减边技术"的运用，将《毁灭战士 3》中的人物造型、三维物体和场景空间都创造得极为逼真。而球形光源（spherical harmonic lighting）、光线追踪法（ray-tracing）、混合光源（radiosity）三种新一代光源技术的应用，使《毁灭战士 3》中的任何光影变幻都与现实世界无异，使得塑造出高逼真场景成为可能。未来游戏若要实现电影级的画面品质同样离不开这项技术。

图2-26　《毁灭战士》Doom3 游戏截图

　　1996 年发行的《雷神之锤》（Quake），可以说标志着真三维时代的到来。在这之前，虽然有众多关于全拟真三维空间的设想，但还没有任何人在电脑上实现过真三维空间。卡马克凭借他超人的才智与努力做到了——《雷神之锤》是一个真正的三维世界，玩家的"视线"可以转向任意角度，所有场景中的物品与角色都不再是二维动画，而是真正的三维模型，还拥有更加真实的光照效果。尽管在现在看来，它的画面不能算是精致，但它确实开创了3D 图形技术的新时代。而且，《雷神之锤》还是首个使用图形加速显卡的游戏，3D 图形加速卡就是因它而推广开来。随后一年发行的《雷神之锤 2》（Quake2），更加加强了纹理贴图的精细度，同时增加了彩色光影、发射性照明技术，带来了真实的反射效果。它为之后几年的 3D 技术发展奠定了进一步的基础。

　　2000 年初发布的《雷神之锤 3》（Quake3）进一步奠定了卡马克在业界的地位，同时也为人们展示了更为真实细腻的三维世界。利用射线追踪算法制作的光影效果更加符合现实，精细的画面与更为真实的物理系统，使《雷神之锤 3》的"三次元（Trinity）"引擎[①]成为了当时最为强大的 3D 引擎。接下来的几年里，这一引擎成为诸多游戏厂商开发新作品的基础，同时也成为了那些最新 3D 图形加速卡的优秀测试软件。

　　最近几年随着个人电脑图像处理能力的迅速提高，三维游戏已经成为目前游戏业的主流，国内外各种新游戏目不暇接，3D 影像技术在推动了游戏飞速发展的同时，自身也得到了快速发展。

图2-27　《雷神之锤3》Quake3 游戏截图

①游戏引擎：游戏软件的主程序，是指一些已编写好的可编辑游戏系统或者一些互交式实时图像应用程序的核心组件。

2.4 3D影像技术在设计行业的运用

　　20世纪70年代后期，微型计算机的诞生，使得计算机图形学逐步渗透到各个领域并开创了许多崭新的行业，比如平面设计、工业产品设计、服装设计、建筑装潢设计、舞台美术设计等。到了80年代，随着电脑图形处理技术的成熟和个人电脑的普及，电脑图形处理技术的应用得到了空前的发展。80年代中期，美国的苹果电脑公司推出了界面友好且易于使用的Macintosh电脑，到了1985年，计算机已成熟地应用于桌面排版和印前处理，使出版印刷行业出现了新的革命。可以说，从这个时候开始，"电脑美术设计时代"开始了。目前，3D影像技术也随着电脑技术的发展而广泛地运用到工业设计、环境艺术设计、广告设计等领域中，成为各设计领域中不可或缺的工具。

图2-28　工业产品设计案例

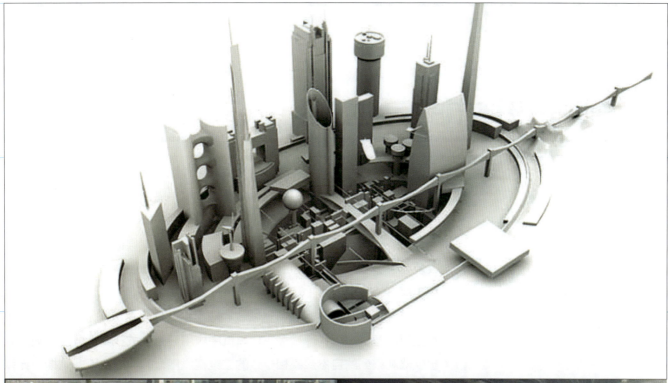

图2-29　城市规划设计

图2-30　展示设计

2.5 3D影像技术的其他运用

三维虚拟技术，又称三维虚拟仿真。虚拟仿真是采用以计算机技术为核心的现代高科技生成逼真的虚拟环境，用户借助必要的设备与虚拟环境中的对象进行交互、相互影响，从而获得类似于真实环境的感受和体验。这种感受和体验主要是由系统的实时性和交互性来保证的。虚拟仿真技术目前在很多领域中的实际应用已有很大进展，例如虚拟仿真技术已广泛应用于军事、医学和商业领域，

三维图像技术在虚拟仿真领域的应用主要体现在两个方面：虚拟视景和虚拟设备。虚拟视景是指在计算机中应用图像生成技术生成与人眼或光学仪器观察到的自然景象相一致的三维视觉图像。而虚拟设备则指在计算机中根据实际设备的三维模型，应用图像生成技术生成可与人进行实时交互的三维视觉图像。由于三维实时成像技术对物体及其运动的描述由二维升到三维，由定性上升到定量，在模拟仿真领域引发了一系列的技术突破，解决了许多虚拟技术中的难题。

【本章小节】

本章回顾了 3D 影像技术在数字动画、影视、游戏、美术设计领域的发展历史和现状，通过详尽的案例说明了随着电脑技术的发展与普及，3D 影像技术已经融入到越来越多的行业之中，尤其是影视、动画、游戏这样的新兴产业，产生了大量的就业机会，正急需大量的从业者。同学们通过努力，将会在上述行业中获得一展身手的机会。

【思考题】

1.通过比较，找出自己最喜欢的动画公司，并说明理由。

03 | 三维数字动画前期制作中的 3D影像技术

　　本章介绍三维数字动画制作的全过程和相关电脑软件，剧本创作作为动画前期制作的重点，需要特别重视创意的培养与表现。

　　三维数字动画设计（3D animation）是多媒体（数字媒体）设计专业的主要研究方向之一，3D影像基础是数字动画方向的主干课程。对于如何将艺术和技术更好地融合于数字动画设计中，创作出优秀的数字动画作品，笔者一直致力摸索有效的教学方法。多年的教学经验告诉我们，在数字动画设计的教学过程中，应当始终把教学重点聚焦在数字动画制作本身，教学中以动画创作为基准，针对学生们的薄弱环节有重点地教学，而不是作为软件教学简单地逐一讲解其命令操作。

3.1 三维数字动画制作的一般流程

成功的三维数字动画作品应该带给观众全面的视听经历，这种经历包括八个关键组成要素（图3-1）：故事情节、动画（此处的动画是指画面中所有移动的物体，包括动画人物和视觉特效）、音乐、人物（角色设计）、音效、场景、配音、制作（涵盖动画作品的所有方面，包括动画制作所需的材料和设备还有全体人员的努力）。

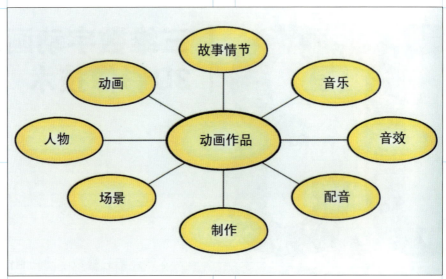

图3-1　动画制作的八个关键要素

就三维数字动画制作而言，其流程一般可分为前期制作（pre-production）、中期制作（main-production）、后期制作（post-production）三大部分（图3-2、图3-3）。动画制作特别依靠团队的合作，组建一个优秀的团队十分重要。

前期制作：从故事的概念设计开始，完成剧本设定和角色设计之后，用图画板将整个故事进行视觉表现。图画板从黑白稿逐渐上色，完成角色的动作设计图稿，最后完成计算好时间的分镜头故事板。在前期制作中，故事剧本设定是最重要的环节，直接影响一部动画片的质量。

中期制作主要是在电脑上完成，在选定的三维软件平台上逐步完成建模、贴图、骨骼绑定、灯光和相机设定、环境与特效制作、渲染输出。

后期制作主要包括影片合成、特效制作、声效编辑和音乐及对话录制。这样一部数字动画就制作完成了。由此可见，数字动画的制作很大程度上和电影制作类似，只是拍摄部分在电脑上完成了。

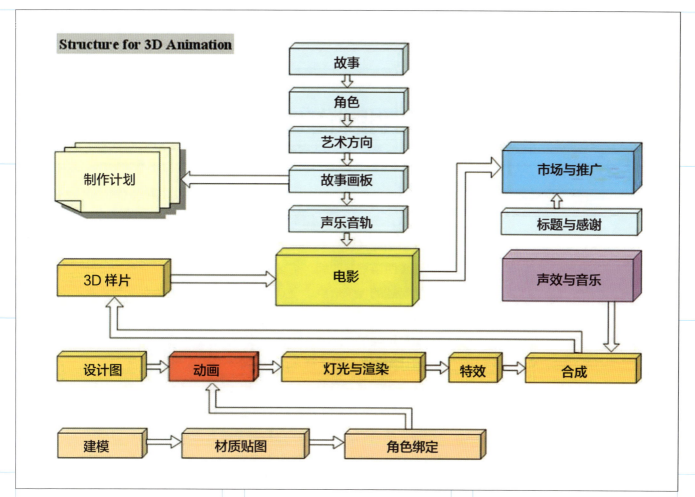

图3-2　三维数字动画制作的流程分析图

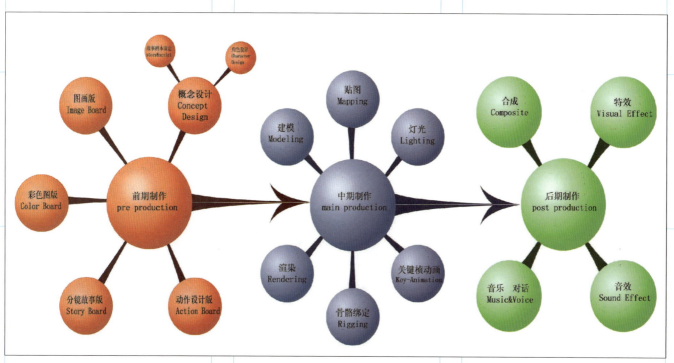

图3-3　三维数字动画制作一般流程图

3.2 三维数字动画前期制作中的关键点

在前期策划阶段最主要是要解决剧本创作和角色设定。

剧本，一剧之本，剧本创作是动画影片成功与否的关键，选材成功的动画片总是能受到观众的热烈追捧。如国产优秀动画片《大闹天宫》是根据名著《西游记》改编，将这个老少咸宜的美猴王故事浓缩并提炼，加以京剧脸谱式的传统形象，令其无论在国内还是国外都拥有大批不同年龄层的观众。纵观国内外优秀的动画片可以发现，创意在一个动画剧本的创作中有着举足轻重的作用，好的动画片中蕴含着无限的创意。

具体来讲，创意体现在以下三个方面：

①选材的创意。选材上，动画剧本要大胆突破常规，甚至打破常理，这种突破惯性思维的手法往往会产生意想不到的效果。《怪物史莱克》就是一个最好的证明，它改写了以往帅哥美女搭配的爱情故事模式，而是独辟蹊径。主角史莱克是个肮脏的大怪物，他不愿冒险，被逼无奈去营救公主，这已经很反常了，而最初美丽的公主到头来竟然也成了怪物。慢慢地，观众发现怪物也很可爱，怪物之间的爱情也可以让人为之动容，这种外形上的不完美丝毫也掩盖不了他们内心的善良，于是《怪物史莱克》上映后好评如潮。选择富有创意的题材是剧本创作的首要步骤，它为整部动画片奠定了坚实的基础，关系着一部动画片的成败。

②细节的创意。有些动画片整个剧情十分简单，风格也很朴实，却感人至深，影响广泛，奥妙就在精心雕琢的细节上。如宫崎骏的《龙猫》，此片讲述的是一对来乡下居住的姐妹俩日常生活中发生的故事，情节并不复杂，甚至很普通，但一些可爱的精灵偶然间出现在她们身边，并成为她们的好朋友，于是奇妙的故事从此展开。龙猫那独特的外形、可爱的样子、令人发笑的动作都非常有创意，这也是这部片子获得好评的原因。随后龙猫系列玩具出现在国内的大街小巷。有创意的细节就像17世纪荷兰画家维米尔画中那珍珠般的光点一样，虽不抢眼却能更好地渲染出一片柔和明亮的光线。考究的细节将为一部动画片增光添彩。

③改编的创意。不少动画片改编自文学作品，但动画对画面效果的要求非常高，改编不是简单的重复和模仿，而是萃取原著中的精华再加上改编者的智慧，最后结合而成的结晶。国产优秀动画片《大闹天宫》就是根据中国四大名著之一的《西游记》改编而成，但它将原著故事浓缩、提炼，抽取其中最精彩的部分——"美猴王大闹天宫"这一段，充满想象力的经

典打斗场面让观众看后回味无穷。同时片中主人公个性中的叛逆得以张扬，美猴王那敢于反抗天庭的不屈精神也得以进一步深化。很多人在看后都深深喜欢上了美猴王这个角色，多年来，《大闹天宫》一直被奉为经典之作。

综上所述，剧本创作需要思维的创新，发挥创造力和想象力。发挥想象力不是天马行空、让人摸不到头脑的奇思怪想，而是对传统的反叛，打破常规的学问；一种勇气和智能的拓展；一种文化底蕴；一种破旧立新的创造。思维创新最大的特点就是相异性，要善于运用逆向思维、反向思维、心理思维等思维方法，从人们的心理需求出发，找出动画片与观众的共鸣点，因此特别需要深入生活、观察生活，善于从生活中捕捉有趣的故事情节，并用合理的方式表达出来。

3.2.1 剧本创作的构思

剧本创作就像修建一幢高楼，它并非突发性创作灵感的魔幻堆积。剧本是制作动画（电影）的蓝图，好的剧本是有深刻内涵并逐层建立的。剧本创作第一步是要寻找好的点子（idea）。

什么是好的点子？记住：动画制作的最重要目的是希望通过整个故事跌宕起伏的情节唤起观众强烈的情感共鸣，而感动观众的方法是真实而且富有情感地讲述作者对生活的经历与感悟。

剧本创作中一般要解决如下几个问题：

表3-1　剧本创作中的关键点

情节点	角色	情节是靠角色的活动向前推动的。在某种意义上，角色将他们的内心世界客观地反映到他们的现实生活中。	要让观众认识和关注你的人物，观众要把自己与你的故事中的人物联系在一起，和你的人物共呼吸、同感受。剧中的人物成为观众感情经历的替代品。
	情节	一系列发生在角色身上的故事中的事件。	可以用六个情节点来完成情节设定：①布局；②刺激性事件；③阻碍／矛盾冲突／互动；④最终对抗；⑤高潮；⑥结局。
	主题	隐藏在故事背后的思想、道德理念、概念、感情、争议问题、意义或者故事的灵魂。	主题是不明言的、无形的道德理念，深层意思，潜在观点或者影片意义。很多主题可以简化为一个词，比如爱情、贪婪、宽恕、忠诚或者欲望。主题能使人对一部影片铭记于心，没有主题的影片就没有灵魂，会被很快淡忘。
矛盾冲突		正面角色为达到目的时所遭遇的一切困难和阻碍。	
互动		角色相互之间观点的交流互动、联系和脱离。并不是所有的故事只基于矛盾冲突，在很多情况下，故事中人物之间的交流与联系也会直接引发矛盾冲突。	

角色、情节和主题是构成影片的三要素。主题是故事的基础，矛盾冲突在中间起到让三个要素之间相互碰撞与摩擦，以此来推动整个故事发展的作用；角色之间的互动是角色与其他人物、想法和事件的联系。

情节是故事中线性展开的一系列事件，叙事影片一般以三幕剧形式出现（表3-2）。在故事情节发展中需要明确六个情节点：

①布局。如何向观众介绍剧中的人物、电影世界和故事？怎样展示主人公的正常生活？观众需要一个机会去了解故事的主要人物，以及电影世界中的局限性与可能性。

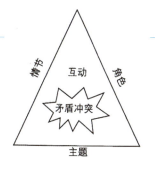

图3-4　影片三要素的关系图

②刺激性事件。是什么事件的发生迫使故事人物选择了一个目标并为之努力奋斗？

③阻碍／矛盾冲突／互动。故事人物为了完成既定目标，会面对怎样的困难和矛盾冲突？他们与其他人物、观点或者经历会有何种形式的互动和交流？

④最终对抗。两个已经建立的角色之间的对抗与对质。

⑤高潮。观众兴趣的至高点，情节逐渐推向最高处。是什么重大事件让观众看到主角最终成功地实现了目标？

⑥结局。故事的结局，比如谁活着，谁死去，谁得到了女孩，谁从此过上了幸福的生活。

表3-2　三幕剧的时间设定

三幕剧结构	概念转换	动画短片（五分钟以内）	动画故事片
第一幕	开端／铺垫	1/6	1/4
第二幕	中间／发展	2/3	1/2
第三幕	结尾／结局	1/6	1/4

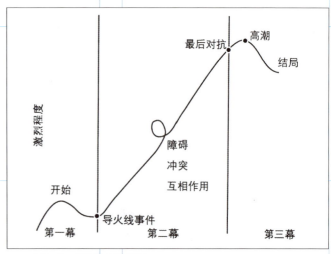

图3-5　情节发展的经过

3.2.2 角色设定

三维数字动画角色设计应该根据剧本需要，寻找灵感进行创作。优秀的角色设计对于一部动画片十分重要，为了创作出令人感动的角色造型，创作者必须具备相当的手绘能力和色彩感觉。需要注意的要点是：三维数字动画的角色设计应有三维的体积感，要避免以前数字三维动画创作常见的"呆板、僵硬、简单"的艺术效果。

动画艺术本身是综合性的，包括造型、动作、语言、绘画和声音等表现手段。这些手段又以不同的方式在动画形象上集中表现，构成了独特的审美价值。在信息传播越来越趋向图形化、动态化、互动化的时代，动画形象以其独特的视觉形式与审美要求被更多的人认可；动画形象也以其视觉传达的世界通用"语言"而成为影响世界文化的因素。我们可以把三维角色动画造型看成一个传承文化的系统符号组成。"系统"在自然辩证法中，同"要素"相对，由若干相互联系和相互作用的要素组成具有一定结构和功能的有机整体（图3-6）。

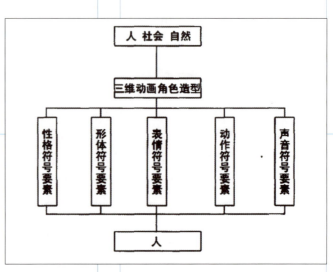

图3-6　角色设计中的要素分析图

表3-3　动画短片"Run，Dragon，Run！！"

	概念设计 Concept design
	图画板设定 Image board
	彩色图画板设定 Colorful iamge board
	场景设定 Layout

3.3 三维数字动画的前期制作相关软件介绍

数字动画的前期制作主要包括剧本策划（scenario）、角色设计（character design）、背景设计（background design），主要需要完成的是图画板（image board）、彩色图板（color board）、分镜头故事板（story board）、动作设定板（action board）。在这个过程中，剧本策划是最主要的，对设计师来说要求手绘草图（sketch），常用软件有：Adobe Illustrator、Adobe Photoshop、Corel Painter。

Adobe Photoshop 是 Adobe 公司推出的图形图像处理软件，Photoshop CS5 是目前最新版本，该软件提供了增强的生产效率和工作流程、全新的编辑工具以及突破性的复合功能，是完善图像的必备软件。

官方网站：http://www.adobe.com/cn/

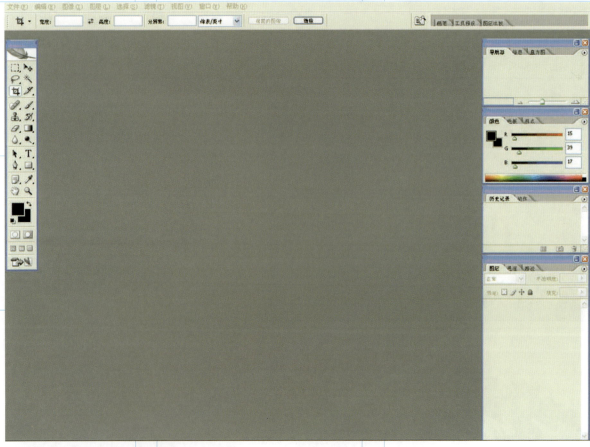

图3-7 Photoshop软件主界面

Adobe Illustrator：通过 Adobe Illustrator CS3 软件，可以创建几乎可输出到任何介质的复杂图稿。行业标准的绘制工具、灵活的颜色控件以及专业的类型控件可帮助使用者捕捉灵感并随意尝试，同时省时功能（如易于访问的选项）可让您快捷直观地工作。此外，增强的性能以及与其它 Adobe 应用程序的紧密集成可制作与众不同的图形，用于印刷、Web 与交互式内容和移动与动画设计。

官方网站：http://www.adobe.com/cn/products/illustrator/

图3-8　Illustrator软件主界面

Corel Painter：Corel Painter X 是目前世界上最完善的电脑美术绘画软件，它以其特有的"Natural Media"仿天然绘画技术为代表，在电脑上首次将传统的绘画方法和电脑设计完整地结合起来，形成了其独特的绘画和造型效果。除了作为世界上首屈一指的自然绘画软件外，Corel Painter X 在影像编辑、特技制作和二维动画方面也有突出表现，对专业设计师、出版社美编、摄影师、动画及多媒体制作人员和一般电脑美术爱好者而言，Painter X 都是一个非常理想的图像编辑和绘画工具。在图像艺术领域，Painter X 拥有其独具的特色。它的工具栏中包含有油画、水彩画、粉笔画和镶嵌工艺等艺术的工具，如水彩、墨、油彩、颜色笔、马克笔、粉笔及彩色粉笔等，用这些工具创作出来的图像所具有的那种真实感是普通图像编辑软件无法与之相比的。

官方网站：http://apps.corel.com/int/cn/

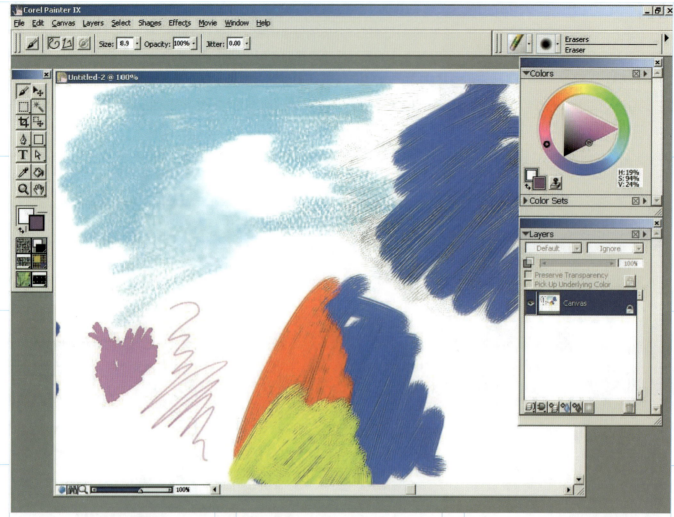

图3-9 Painter软件主界面

【本章小节】

　　本章主要介绍了三维数字动画制作的整个流程和相关软件，读者可以通过书上介绍的相关网站，对所介绍的软件有一个大概的认识，并且能自己搜索相应的学习资料，进行自学。动画制作前期在整个动画制作过程中占据极其重要的地位，直接影响整个动画的质量。

【思考题】

　　1. 构思一个动画短片的故事剧本，完成相关的前期制作。

三维数字动画中期制作中的建模和贴图技术

本章主要介绍在 3DS Max 平台下三维数字动画中期制作中的建模和贴图技术，通过详细介绍具体的操作步骤，使学生能轻松掌握制作要领。

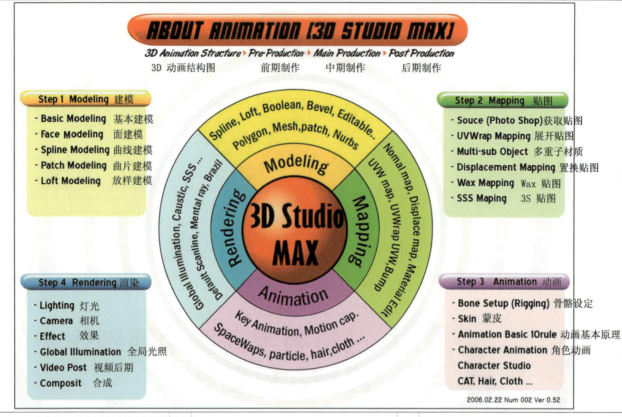

图4-1 3DS Max平台下制作3D动画的结构图

在数字动画制作的中期阶段主要是电脑制作。这一阶段对三维软件能否熟练操作至关重要，将直接影响到动画作品的质量。目前大型的三维软件已经将建模（modeling）、贴图（mapping）、灯光（lighting）、摄相机（camera）、渲染（rendering）、关键帧动画（key-animation）都整合到了一个平台中，因此在制作中期阶段对软件操作技术要求很高。

本教材主要以 Autodesk 公司推出的 3ds Max 操作平台为例介绍建模和贴图的相关技术，这一部分的技术原理在其他三维软件平台上基本类似，学习者应该努力做到触类旁通。

3DS Max 是 Autodesk 公司推出的三维动画制作软件，可以创造丰富、复杂的可视化设计，为畅销游戏生成逼真的角色，把 3D 特效带到大屏幕。Autodesk 3DS Max 2012 是目前的最新版本，3D 建模、动画和渲染软件通过简化处理复杂场景的过程，可以帮助设计可视化专业人员、游戏开发人员以及视觉特效艺术家最大化地提高他们的生产力。

官方网站：http://www.autodesk.com.cn/adsk/servlet/pc/index?siteID=1170359&id=15565035

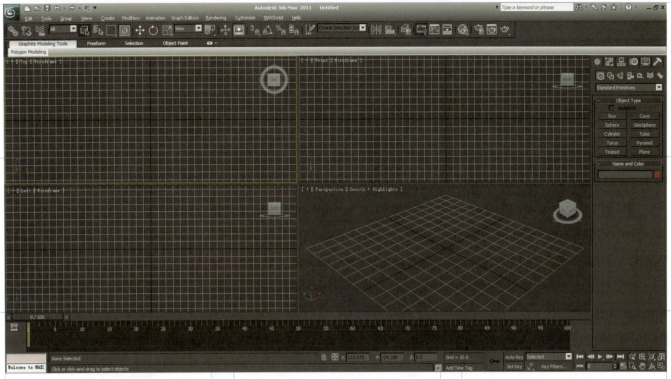

图4-2 3DS Max软件主界面

三维数字动画的中期制作主要包括:动画角色模型制作(character modeling);贴图材质制作(mapping & texture);骨骼绑定(rigging);关键帧动画设定(key-animaton);灯光、相机、渲染设定(lighting、camera、rendering)。这一阶段是软件操作的集中部分,如何采用合理的数字技术来完成富有艺术性的作品是这一阶段工作的重点和难点。软件的使用宗旨就是,通过最简单的操作步骤来达到最佳输出效果。这需要长期的训练才能真正融会贯通。

本教材以女性角色的头部创作为例,详细讲解在创作过程中将遇到的技术要点。书中所用的相关数字资源都收录在随书附带的光盘中,希望读者能结合光盘自己多加锻炼,勤奋与执着是成为数字动画高手的必经之路。

在 3DS Max 中从一个立方体开始创建人物的头部建模,具体操作步骤如下:Edit Poly 编辑多边形;Eye 眼睛制作;Lip & Mouse 嘴部制作;Nose 鼻子制作;Ear 耳朵制作;灯光、材质、渲染完成。其中使用到的建模、贴图和灯光、相机、渲染设定等技术将在制作过程中一并讲解,不再单独列出章节。

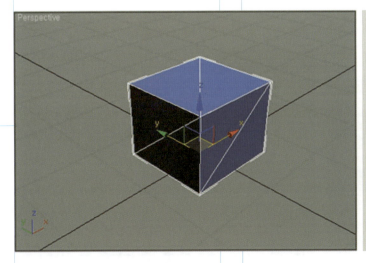

图4-3 从立方体到完成的效果

4.1 Edit Poly 编辑多边形

Polygon 多边形建模是 3DS Max 建模方式的一种，多边形的建模方法是一种非常直观的建模技术。虽然目前并存有 Nurbs 曲面建模和细分曲面建模等高级建模方法，但多边形建模技术在许多游戏与动画公司仍然是优先的技术手段。事实上，掌握多边形建模法也是掌握细分曲面建模法的一个必经途径，而后者目前正快速地取代 Nurbs 建模方法，成为复杂、可变形的角色模型新标准。

Polygon 建模是 3DS Max 中的一种建模方式。首先使一个对象转化为可编辑的多边形对象，然后通过对该多边形对象的各种子对象进行编辑和修改来实现建模过程。对于可编辑多边形对象，它包含了 Vertex(节点)、Edge（边界）、Border（边界环）、Polygon（多边形面）、Element（元素）五种子对象模式。与可编辑网格相比，可编辑多边形显示了更大的优越性，即多边形对象的面可以不只是三角形面或四边形面，还可以是具有任意多个节点的多边形面。

多边形（polygon）建模从早期主要用于游戏，到现在被广泛应用（包括电影），已经成为在 CG 行业与 Nurbs 并驾齐驱的建模方式。多边形从技术角度来说比较容易掌握，在创建复杂表面时，细节部分可以任意加线，在结构穿插关系很复杂的模型中就能体现出它的优势。另一方面，它不像 Nurbs 有固定的 UV，在贴图工作中需要对 UV 进行手动编辑，防止重叠、拉伸纹理。

操作步骤：

（1）点击 Creat, Geometry, 在创建命令面板，点击（Box）立方体命令，创建一个立方体。

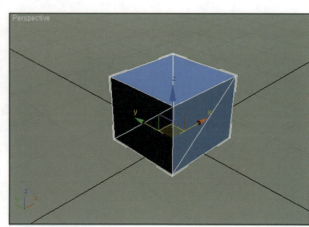

图4-4 铺服饰的大色调

（2）点击 Parameters，Segs，在 Box 物体参数栏，调整片段数为 3×3×3。

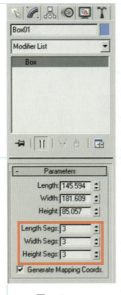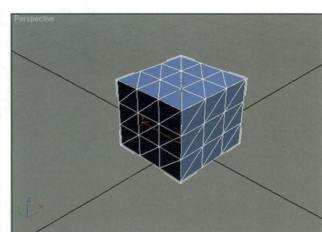

图4-5

（3）选择 Box 物体，点击鼠标右键将其属性改为 Editable Poly（可编辑多边形），以便进一步进行编辑。Editable poly 有五个控制子层级：

Vertex（顶点）；

Edge（边）；

Border（边界）；

Polygon（多边形）；

Element（元素）。

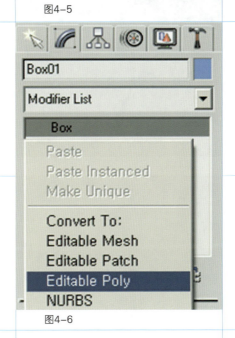

图4-6

（4）在 Vertex（顶点）层级，依次点击 Cut 命令和 Slice 命令，增加物体表面的顶点数量，再通过移动（move）、旋转（rotate）、缩放（scale）命令调整物体形状。

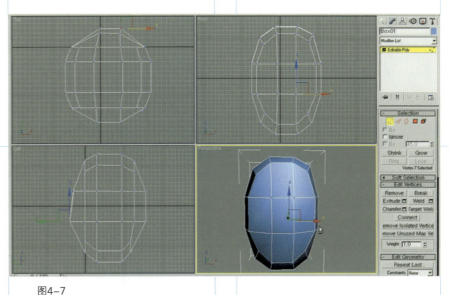

图4-7

（5）Cut（切割）命令，在Vertex(顶点)层级,点击Cut命令,可按需要重新划分表面,增加控制点。这样便于修改模型的形状。这个过程类似于雕塑过程。

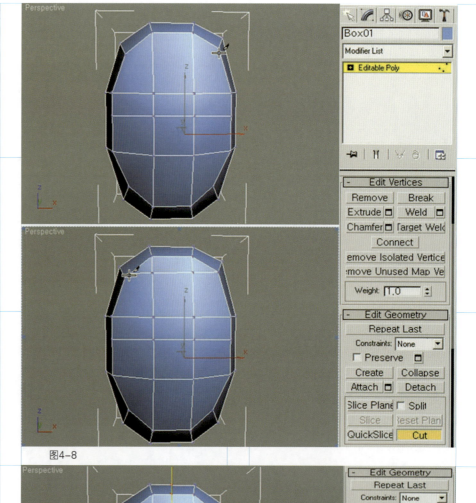

图4-8

（6）Slice（切片）命令，点击一个黄色的切割平面Slice Plane与模型产生相交面，点击Slice（切片）命令，增加模型上的控制点。Slice Plane可以旋转。

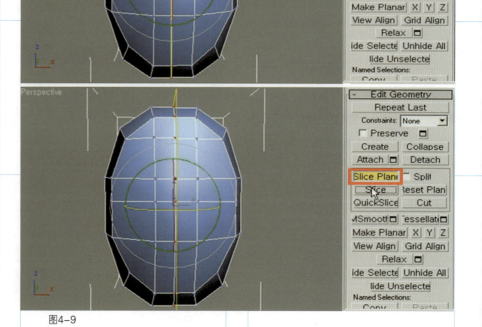

图4-9

（7）点击 Mirror（镜像）命令进行复制。

镜像命令 Mirror 在 X 轴 Instance（关联）复制。

由于人物角色脸部模型是对称的，因此为了简化操作，在 Vertex（顶点）层级将 Box 删除一半，使用 Mirror（镜像）命令复制另一半。注意复制物体与原物体关系选择 Instance（关联）复制，这样修改原物体，复制物体会随之修改。

（8）镜像复制以后，就可以看到一个完整的头部模型，由于是关联属性 Instance 的，因此对一半进行修改时另一半也将跟随改变。

（9）依次点击 Cut，Slice，Move，Rotate，Scale 命令对头部进行修改，按照图示进行操作。

（10）完成头部修改后，接下来制作颈部。按图所示在 Polygon 层级，选择对应的 Polygon 删除。

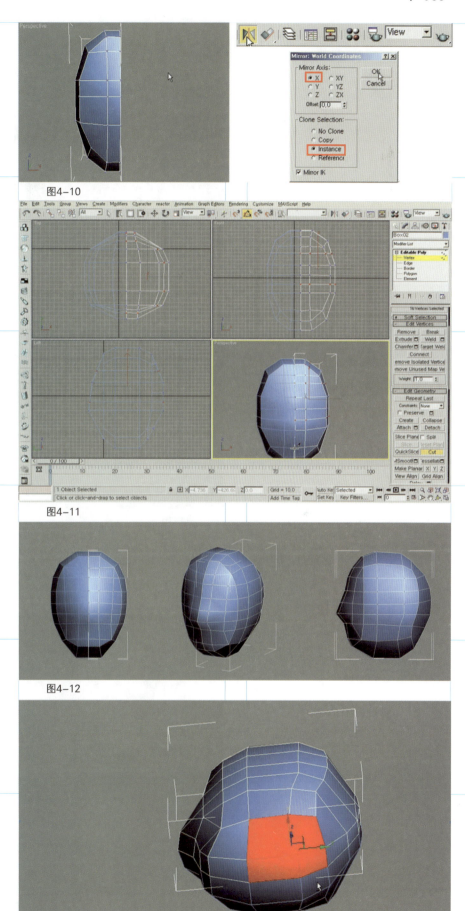

图4-10

图4-11

图4-12

图4-13

（11）对选定的多边形 Polygon 使用 Extrude（挤压）命令。

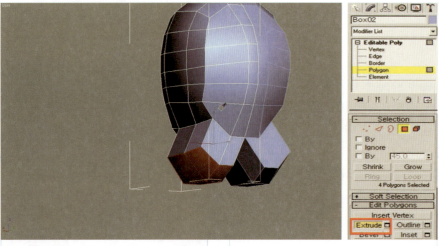

图4-14

（12）删除红色的选定的 Polygon，调整选定 Polygon 的位置，然后将选定的多边形删除。

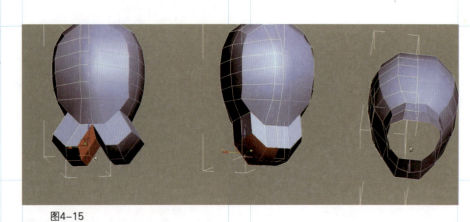

图4-15

（13）头部外形基本完成，右图分别是四个视图显示。

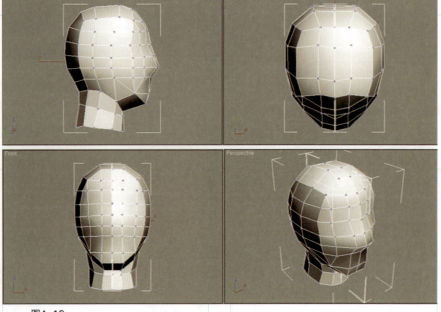

图4-16

4.2 Eye眼睛制作

眼睛部分的制作分为两步：第一步制作眼球，第二步制作眼睛。

4.2.1 眼球的制作

眼球的制作重点是掌握材质贴图的处理，即用多重子材质（multi/sub-object）来模拟眼球效果。

操作步骤：

（1）把眼睛部位的 Polygon 删除，留出眼眶的位置，创建一个球体（sphere），作为眼球。

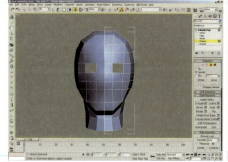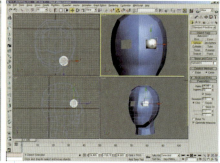

图4-17

（2）将头部 Box 选定，点击鼠标右键选择 Hide Selection（隐藏选定物体）命令，隐藏头部，留下眼球部分，单独进行编辑，减少干扰。

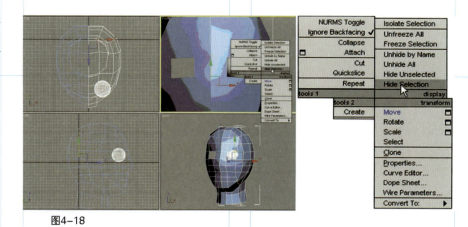

图4-18

（3）将眼球转换为 Editable
Polygon，在 Polygon 层级选定作
为瞳孔的部分，如图红色部分所示，
设定材质号 ID 为 2。

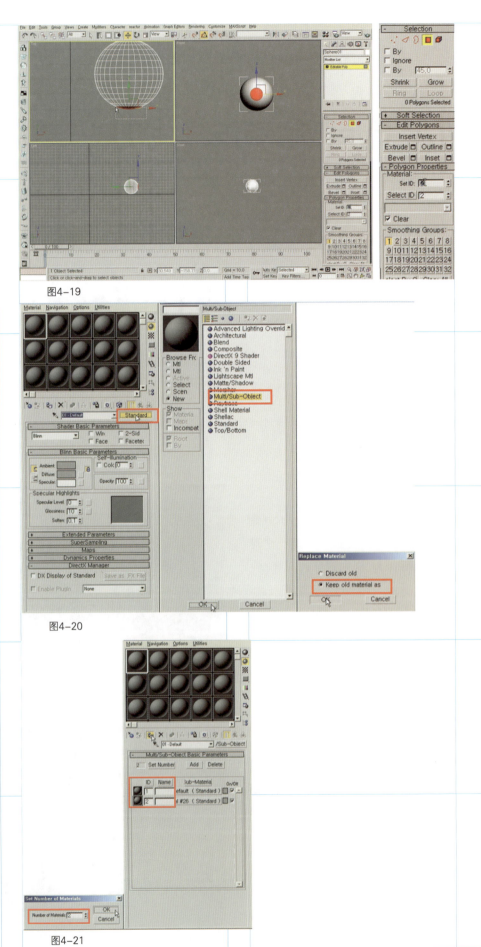

图4-19

（4）按 M 键，打开材质编辑
器，选定一个材质球。在材质属性
栏里设定材质属性为 Multi/Sub-
object（多重子材质），如图 4-20
所示。

图4-20

（5）对该材质进行设置，子
材质数设定为 2 个，材质号分别为
ID1、ID2。

图4-21

（6）对该材质的子材质进行如图设定，材质号 ID1 的子材质颜色设定为白色，ID2 子材质颜色为黑色，作为眼珠。

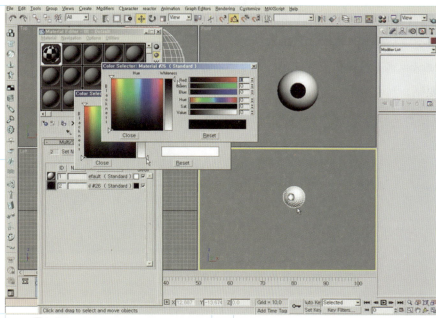

图4-22

4.2.2　眼睛的制作

接下来开始制作眼睛部分。按照眼睛的实际构造调整眼皮造型，这是创建眼睛部分的重点与难点，因此建模之前要多观察和研究眼睛的生理构造，对其了然于胸才能在电脑中创建出符合人体构造的模型。

图4-23　眼睛的构造

操作步骤：

（1）创建一个平面（plane）物体，其片段数设定为 1×1，将其转换为 Editable Polygon（可编辑多边形物体）。开始创建眼皮，眼皮是脸部建模的重点和难点。

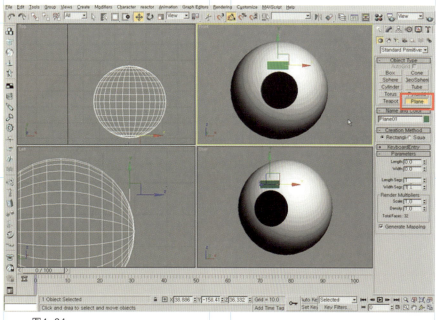

图4-24

（2）在边（edge）的层级，选定一条边，按住 Shift 键进行 Move（移动）复制和 Rotate（旋转）复制。

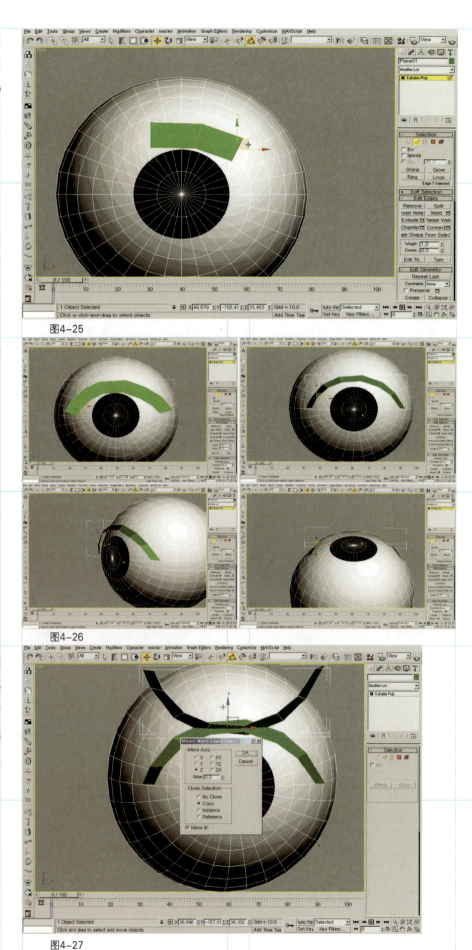

图4-25

（3）按图所示，进行 Move（移动）复制和 Rotate（旋转）复制。眼皮部分的建模关键是围绕眼球，要从透视图中不断调整空间位置。

图4-26

（4）完成上部眼皮后，进行 Z 轴的 Mirror（镜像）复制，复制属性一定要选 Copy 复制，这样下一步才能将两个部分通过 Attach（连接）命令关联为一个物体。

图4-27

（5）将复制的下眼皮与上眼皮，通过 Attach（连接）命令结合为一个物体，这样下一步就是对同一个物体进行编辑修改。

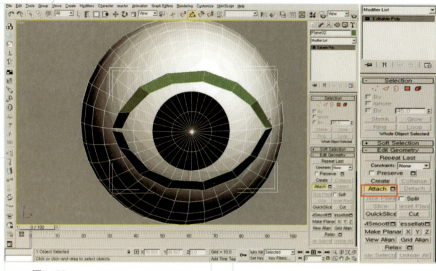

图4-28

（6）在 Vertex 的层级，对上下眼皮交接部分的点进行焊接（Weld）。

（7）调整 Weld Threshold（焊接起点）的域值，焊接选定的顶点。

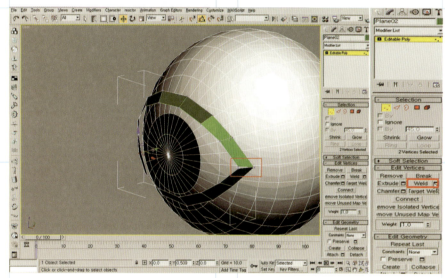

图4-29

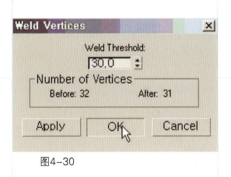

图4-30

（8）点选 Border（边界）层级，选取眼皮的外围边界，按 Shift 键，点击 Scale（缩放）命令进行缩放复制。

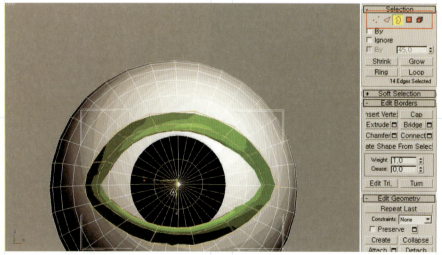

图4-31

（9）在三维空间中调整眼皮形状，保证眼皮与眼球的位置合理。

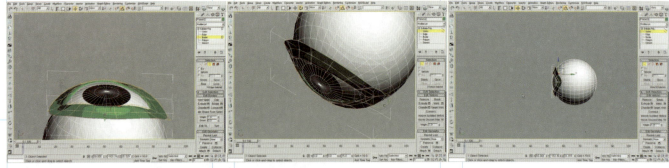

图4-32

（10）进一步调整上下眼皮的位置，保证符合人眼的构造。

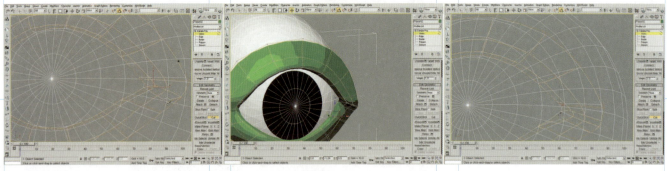

图4-33

（11）在Polygon（多边形）层级，进一步调整如图所示的交接部分。

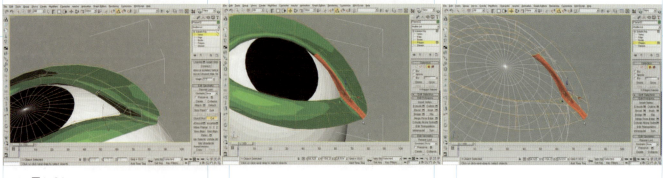

图4-34

（12）点击 Cut 命令，增加顶点，刻画双眼皮。

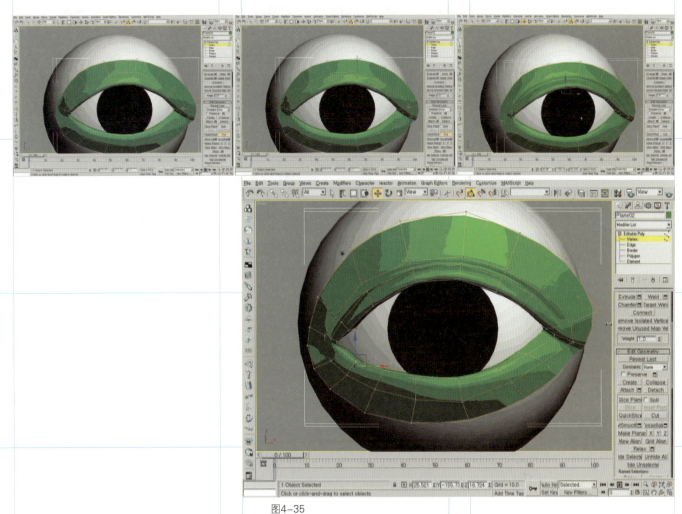

图4-35

（13）通过上述步骤，已经大
致完成了人物的眼睛部分，如图
4-36 所示。接下来，要将眼睛部
分"安装"到头上去。

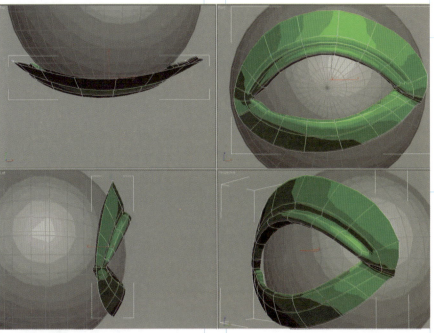

图4-36

（14）点击鼠标右键，将隐藏的头部模型显示出来，调整眼睛与头的空间位置。

（15）在 Vertex 顶点层级，调整图示部分的形状。

（16）点击 Cut 命令，对头部的布线进行调整，使之与眼睛的布线相匹配。

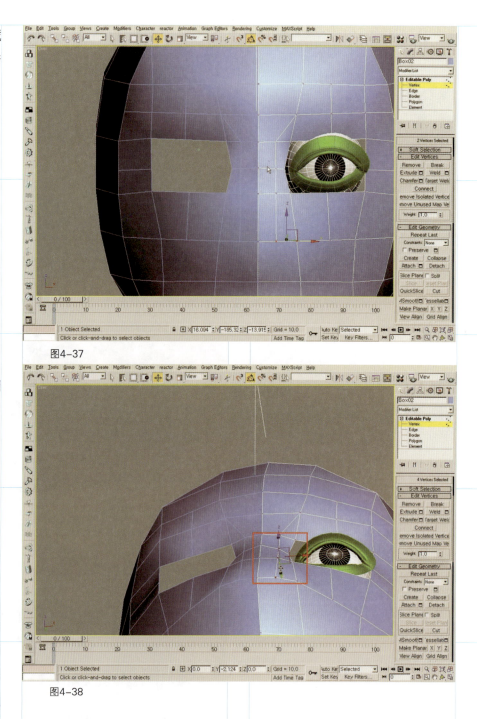

图4-37

图4-38

图4-39

（17）为进一步处理眼睛与头部的位置关系，使用 Creat，Shapes，Line 命令创建 2 条曲线作为辅助线。

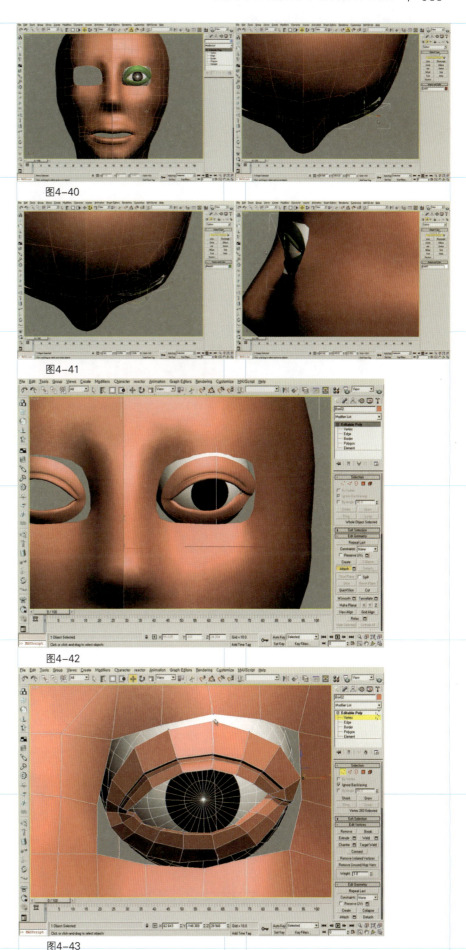

图4-40

（18）选择眼睛部分，根据辅助线，调整位置和角度。

图4-41

（19）点击 Modify，Attach 将眼睛与头部连接为一个物体，并将颜色变成一样。

图4-42

（20）使用 Modify，Vertex 调整对应顶点的位置。

图4-43

（21）点击 Modify，Vertex，Weld 首先焊接图示定点。

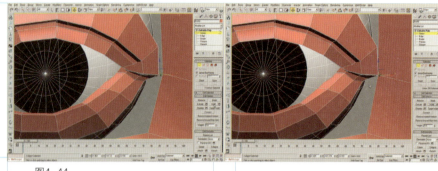

图4-44

（22）点击 Modify，Vertex，Weld 焊接线对应的顶点，缺少的点点击 Modify，Vertex，Cut 进行增加。

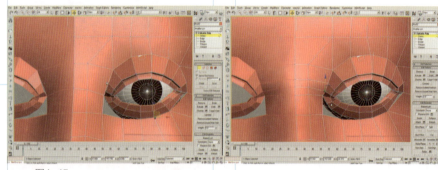

图4-45

（23）依次点击 Modify，Vertex，Cut 对鼻子部分的布线进行调整。

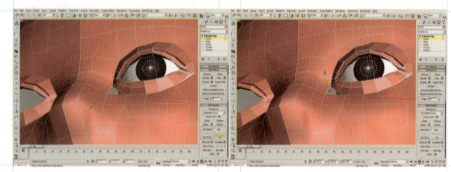

图4-46

（24）依次点击 Modify，Edge，Remove，删除模型面上多余的边。注意不要使用 Del 键直接删除，否则面会破裂，应使用 Modify，Vertex，Cut 在面上加边。

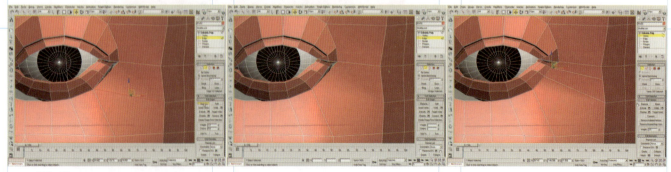

图4-47

（25）依次点击 Modify，Vertex，Weld 焊接对应的顶点。

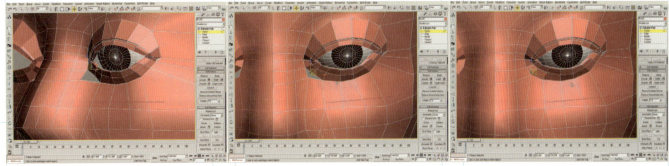

图4-48

（26）如图所示，焊接了相应的顶点后，剩余一个三角形面无法用焊接顶点的方法完成。选取其中一条边，依次点击 Modify，Edge，Extude 挤压出一个面。

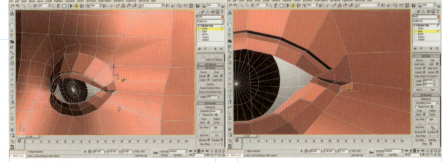

图4-49

（27）依次点击 Modify，Edge，Cut 对挤压出的面进行分割，按图所示选择边。

点击 Del 键进行删除，然后将对应顶点焊接，补齐空面。

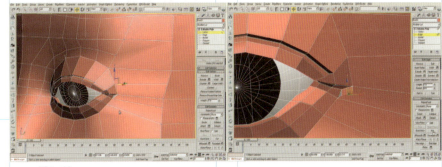

图4-50

（28）完成顶点的焊接后，依次点击 Modify，Edge，Cut 对眼眶周围的布线进行调整。

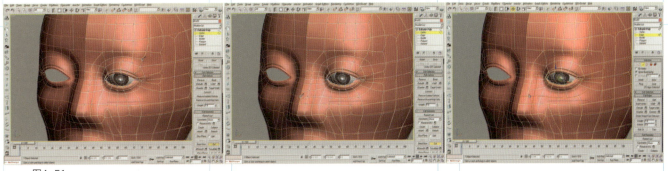

图4-51

4.3 Lip & Mouse 嘴部制作

嘴部建模的关键是首先要了解嘴部的生理构造，在此基础上布线。

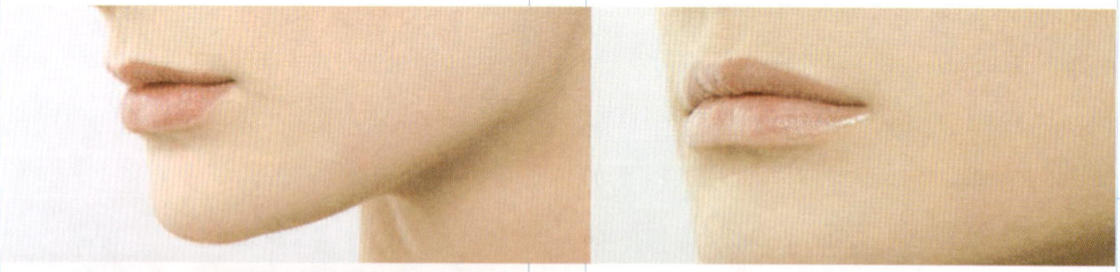

操作步骤：

（1）依次点击Creat, Shapes, Plane创建一个面片物体，设定为Length segs:1, Width segs:1, 鼠标右键单击悬浮窗口选择Convert To:Editable Poly。

图4-52 嘴部的生理构造

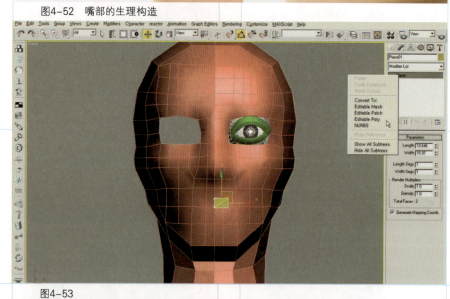

图4-53

（2）依次点击Modify, Edge在边的层级进行修改。

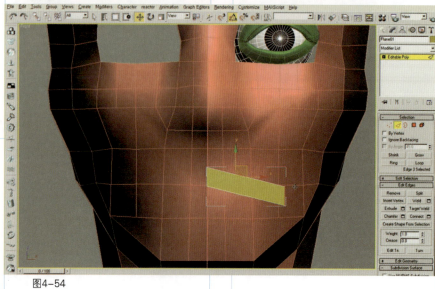

图4-54

（3）依次点击 Modify，Vertex，Soft Selection 在顶点层级下使用柔化选择，进行造型调整。

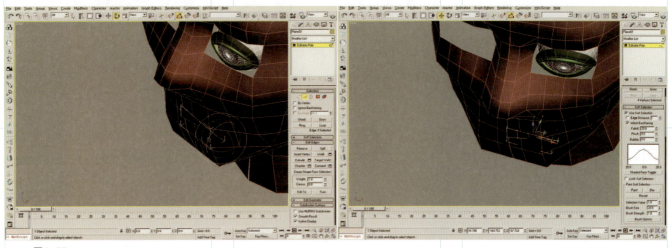

图4-55

（4）按图 4-54 对嘴唇的造型进行修改。

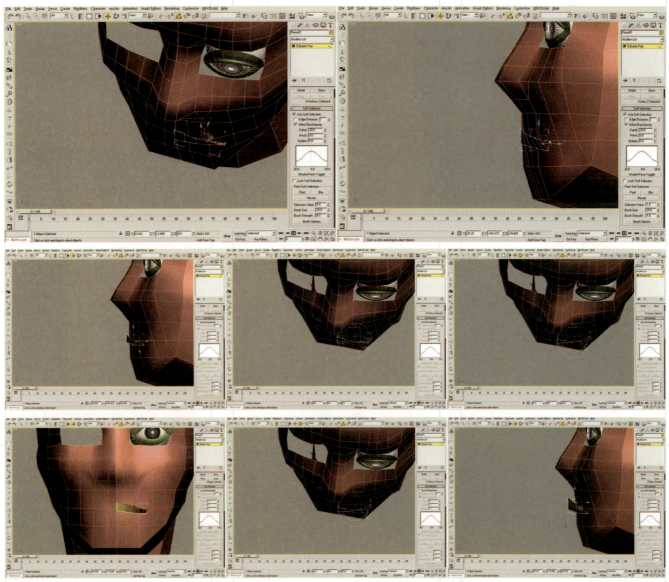

图4-56

（5）依次点击 Modify，Edge 按住 Shift 键选择 Move 复制。

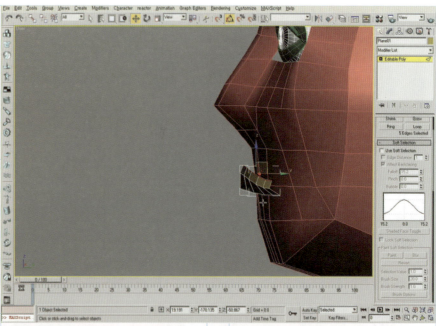

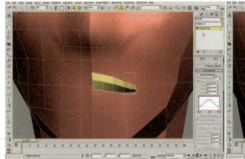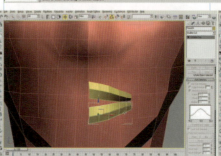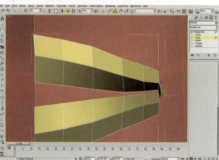

图4-57

（6）Mirror 镜像复制下嘴唇，通过 Weld 焊接相关点，完成嘴角部分的造型。

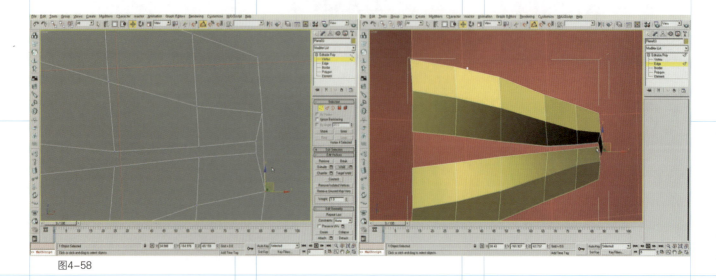

图4-58

（7）按住 Shift 键，选择 Scale（缩放）命令，进行复制。

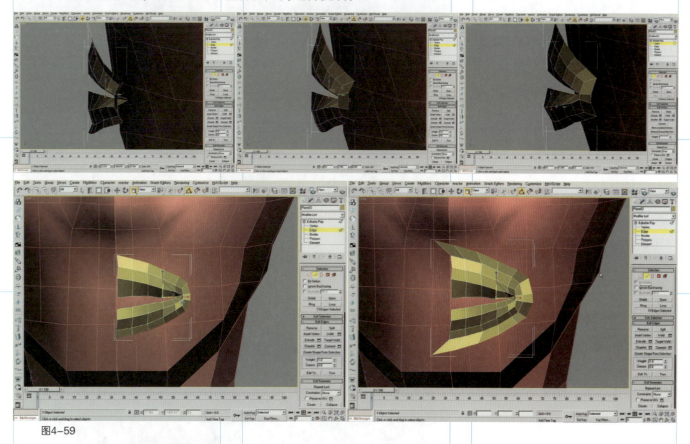

图4-59

（8）按住 Shift 键，选择 Scale（缩放）命令，进行复制。

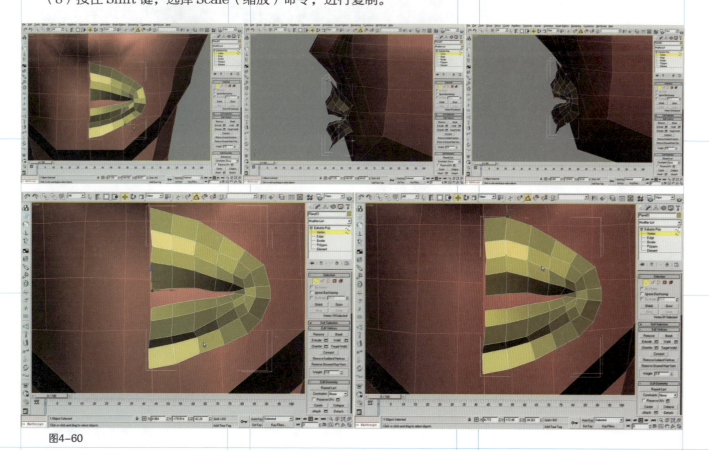

图4-60

（9）依次点击Modify，Vertex，Subdivision Surface，Use Nurms Subdivision 对嘴部进行Nurms（光滑）处理。注意Display，Iterations值不要大于2。

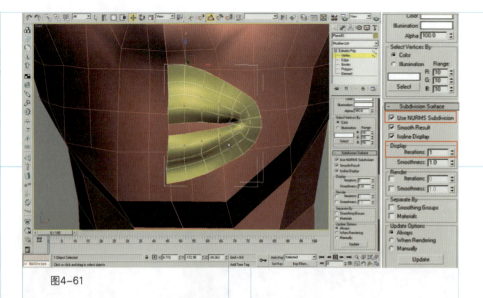

图4-61

（10）依次点击Creat，Shapes，Line创建辅助线，调整嘴部模型的角度，注意上下嘴唇的位置关系。

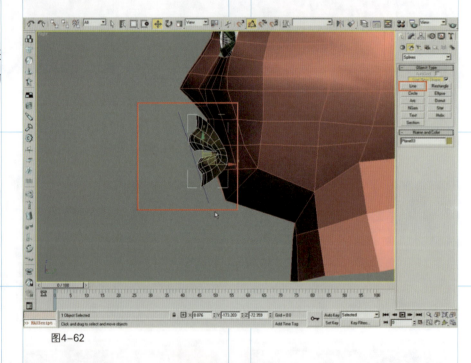

图4-62

（11）头部模型的嘴巴部位，留出相应的位置。

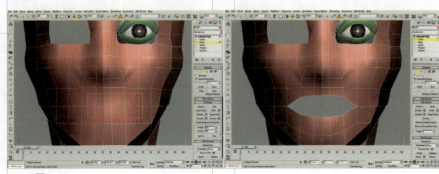

图4-63

（12）先调整头部留空的大小，然后通过 Attach 命令，将嘴巴与头部连接为一个物体。

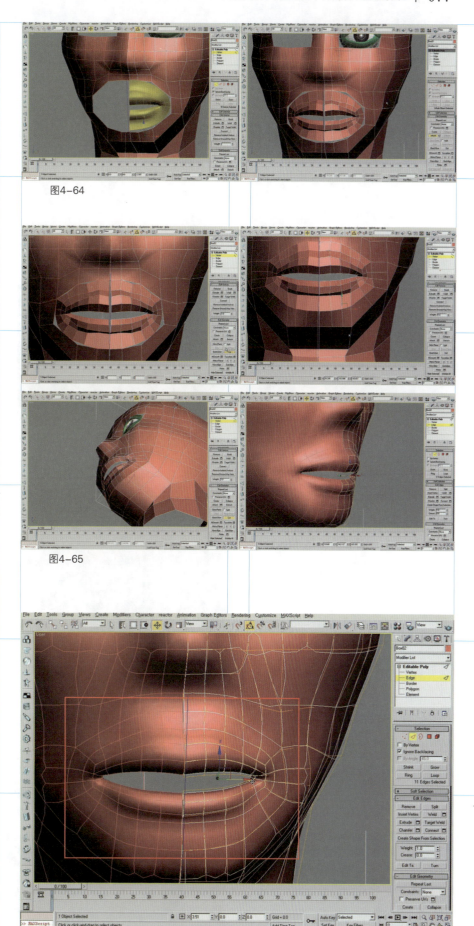

图4-64

（13）焊接对应点。

图4-65

（14）完成嘴部的造型，注意嘴部的布线要围绕嘴，呈同心圆分布，这一点十分重要，可以避免以后在做表情动画时产生错误。

图4-66

4.4 Nose鼻子制作

鼻子部分的建模难点主要在于鼻子布线和鼻孔的构造。

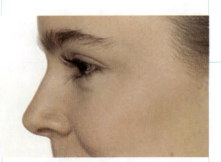

图4-67　鼻子的生理结构

操作步骤：

（1）鼻子部分直接在头部模型上制作，依次点击Modify，Vertex做出大概的外形。

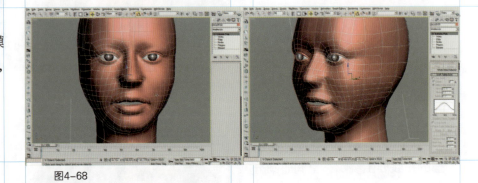

图4-68

（2）依次点击Modify，Vertex，Cut对鼻子进行进一步细分。

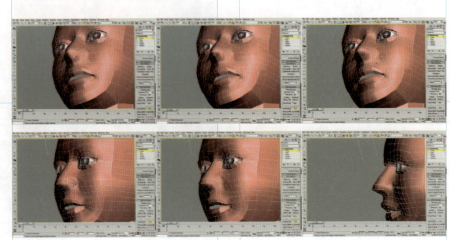

图4-69

（3）依次点击Modify，Vertex，Chamfer 将鼻孔位置的点变成多边形。

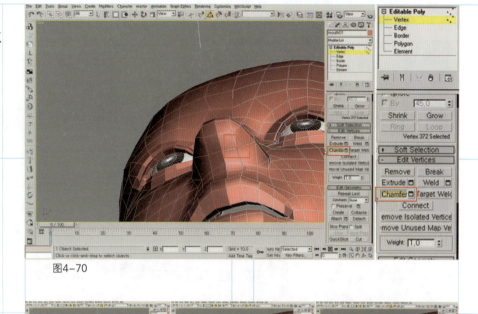

图4-70

（4）依次点击Modify，Polygon 选取鼻孔部分的多边形，Del 键删除。

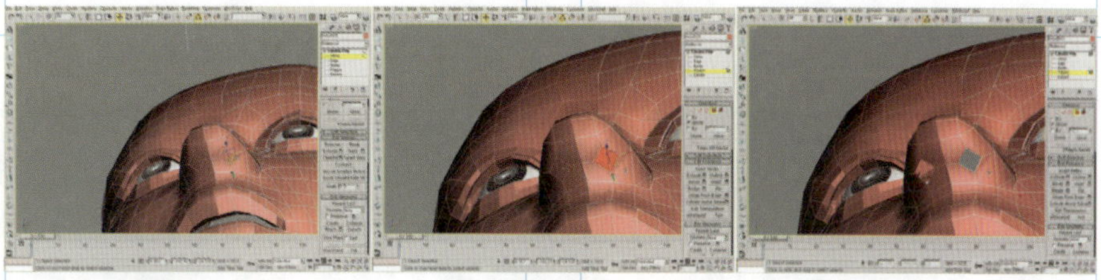

图4-71

（5）依次点击Modify，Vertex，Cut 对鼻孔周围的布线进行调整。

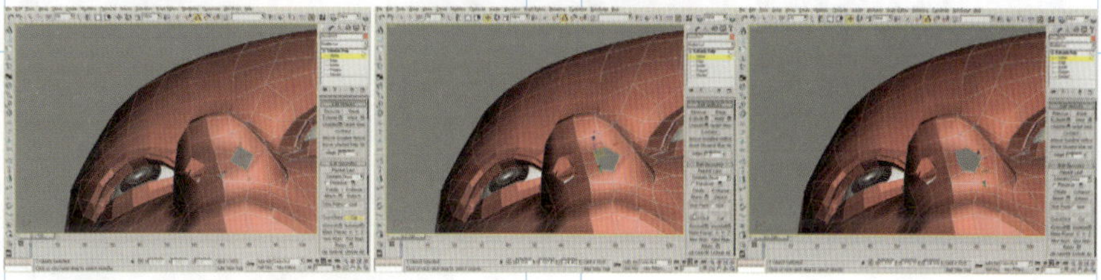

图4-72

（6）依次点击Modify，Vertex，Cut 对鼻孔形状进行调整，点击Modify，Vertex，Subdivision Surface，Use Nurms Subdivision 对嘴部进行Nurms 光滑处理。

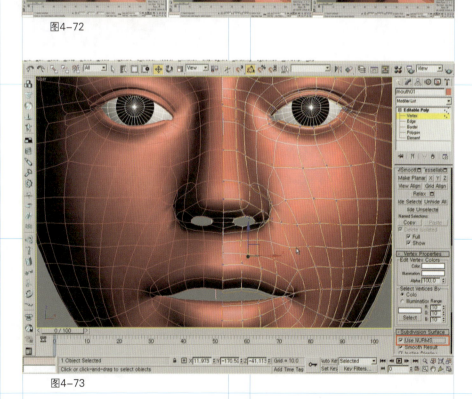

图4-73

（7）点击 Modify，Border 选择鼻孔的边界，使用移动（Move）复制，做出鼻孔的内表面。

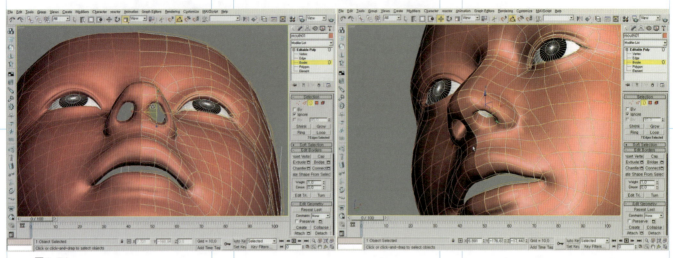

图4-74

（8）依次点击 Modify，Vertex，Cut 进一步调整内表面的形状，使鼻子看上去更加真实。

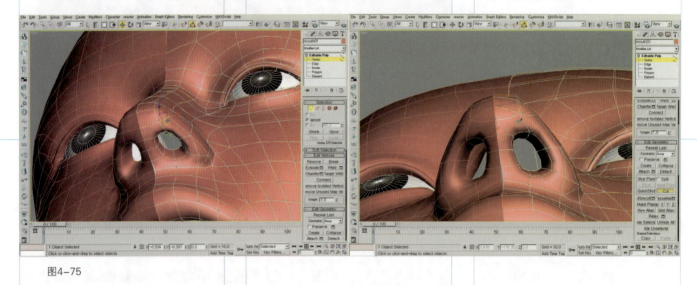

图4-75

（9）依次点击 Modify，VertexSoft Selection 柔化的区域选择，对整个脸部的造型进行调整，达到如图所示效果。

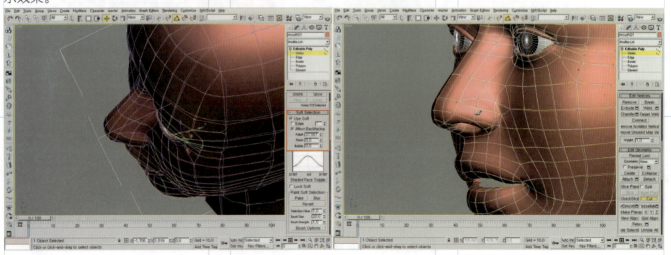

图4-76

4.5 Ear耳朵制作

　　耳朵的结构比较复杂，在制作过程中始终要在三维空间中去思考其造型。

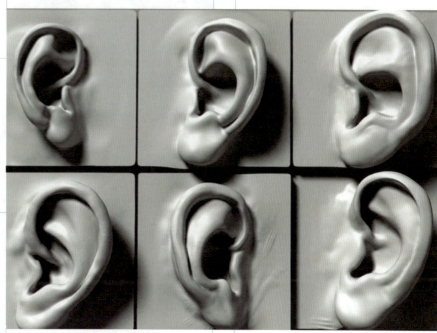

图4-77　耳朵的生理构造

操作步骤：

（1）通过删除多边形，在头部模型的耳朵部位留出相应的位置。

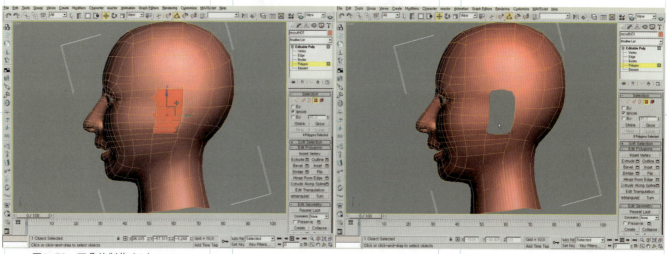

图4-78　耳朵的制作（1）

（2）依次点击 Creat，Shapes，
Plane 创建一个面片物体，设定为
Length Segs：1；Width Segs：1。
鼠标右键点击悬浮窗口选择
Convert To：Editable Poly，同样
从一个 Plane 物体开始。

（3）点击 Modify，Vertex 创
建外耳廓。

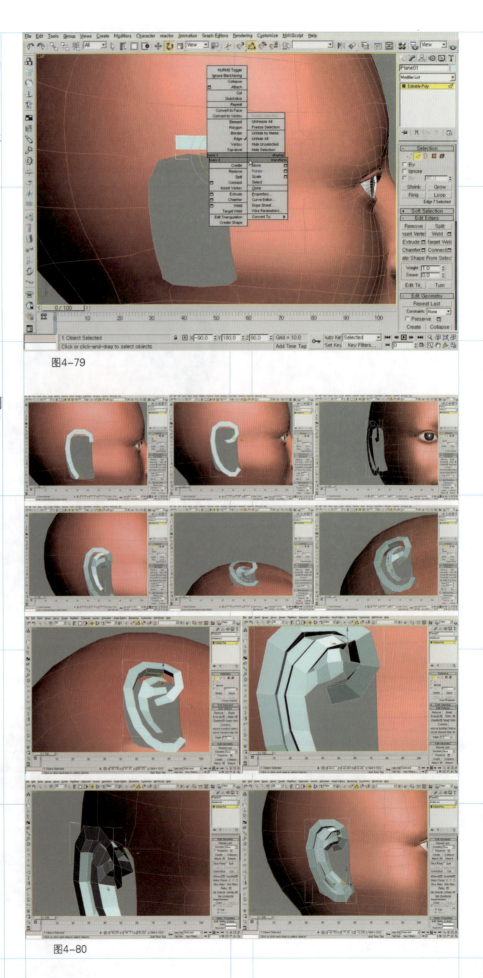

图4-79

图4-80

（4）依次点击 Modify，Vertex，Subdivision Surface，Use Nurms Subdivision 对耳部进行 Nurms 光滑处理。

图4-81

（5）依次点击 Modify，Vertex 进一步调整耳朵的造型。

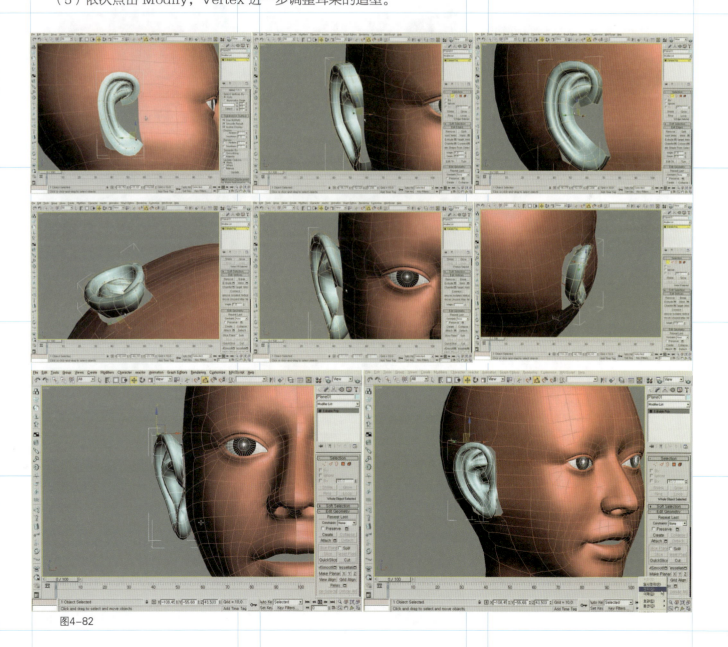

图4-82

（6）依次点击 Modify，Attach 将耳朵与头连为一体。

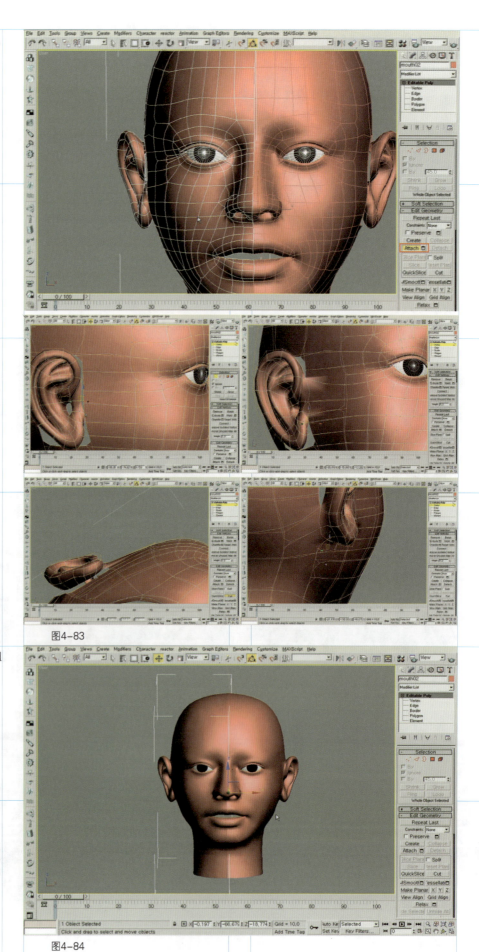

图4-83

（7）依次点击 Modify，Weld 命令，将耳朵与头部缝合。

图4-84

4.6 灯光、材质、渲染完成

头部模型的建模过程已经基本完成，但是这只是建模部分，接下来要进一步深化模型细部，完成贴图和灯光设置，最后渲染出图。

4.6.1 贴图

操作步骤：

（1）调整模型颜色，使其比较接近皮肤。

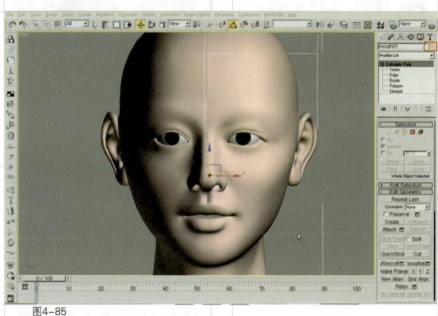

图4-85

（2）将模型的一半删除，进一步完善模型。

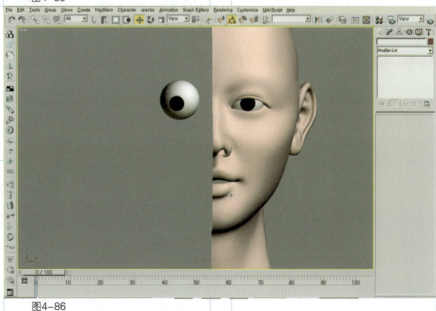

图4-86

（3）如右图所示，软件默认显示模式下，面从反面看为透明；取消 Display, Display properties, Backface Cull 按钮的勾选。

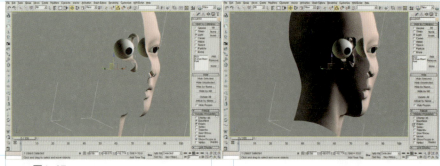

图4-87

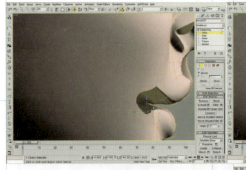

（4）完成口腔内部造型，防止从正面看口内产生空洞。

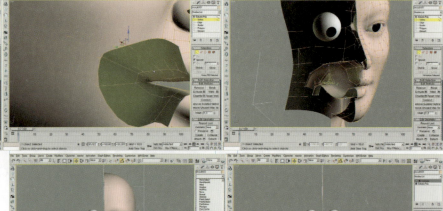

图4-88

（5）依次点击 Modify, Symmetry, 对称复制, 勾选 Parameters, Mirror Axis, Flip, Threshold 值设定为 0.76。

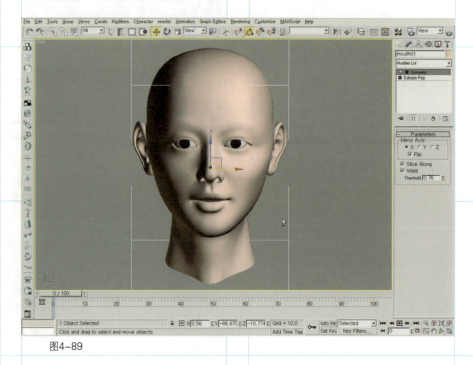

图4-89

（6）取消 Modify，Vertex，Subdivision Surface，Use Nurms Subdivision 勾选。

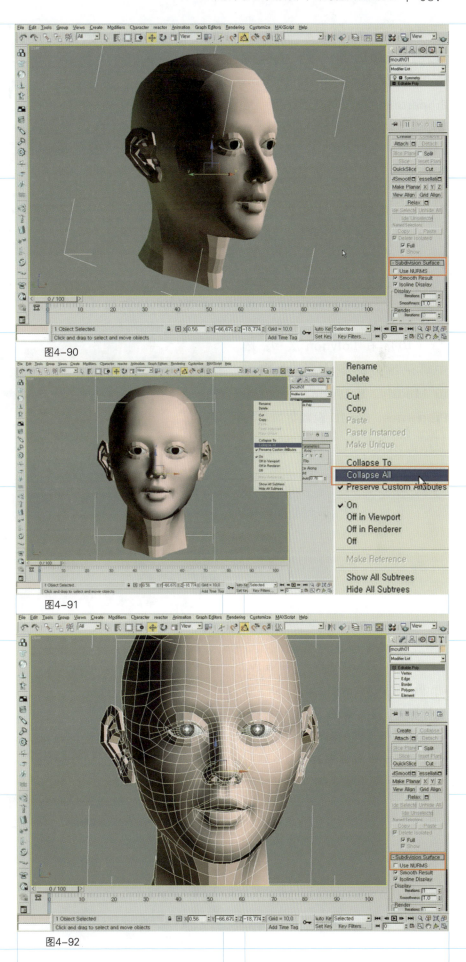

图4-90

（7）鼠标在修改栏右击选取 Collapse All 将修改命令塌陷。

图4-91

（8）对塌陷后的 Editable Poly 头像模型，选取 Modify，Vertex，Subdivision Surface，Use Nurms Subdivision。

图4-92

（9）在 Polygon 层级选中口腔内表面的多边形，依次点击 Modify，Polygon，Polygon Properties，Set ID 设置材质号为 10。

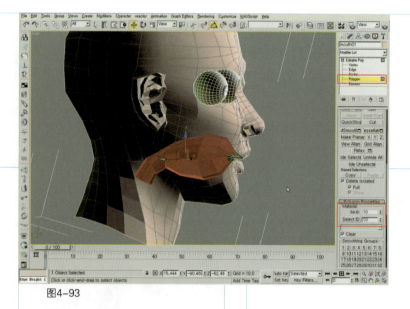

图4-93

（10）在 Polygon 层级选中耳朵部分的多边形，依次点击 Modify，Polygon，Polygon Properties，Set ID 设置材质号为 11。

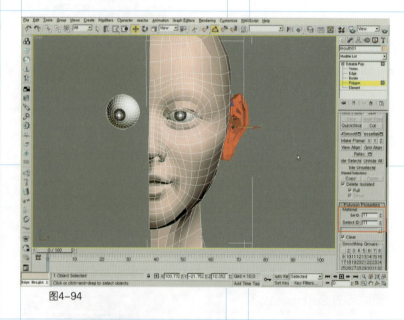

图4-94

（11）依次点击 Modify，Unwrap UVW 将模型的表面三维坐标展开。这个命令是将模型的面展开成一个二维的平面，便于将二维平面贴图精确地附着在三维模型上，这个命令非常重要。

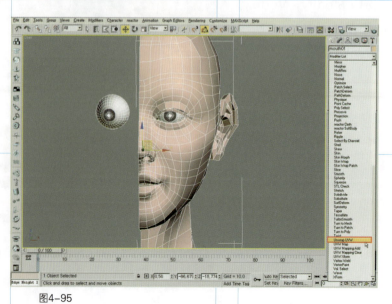

图4-95

（12）点击 Unwrap UVW 将模型展开，绿色的线为切割边界。

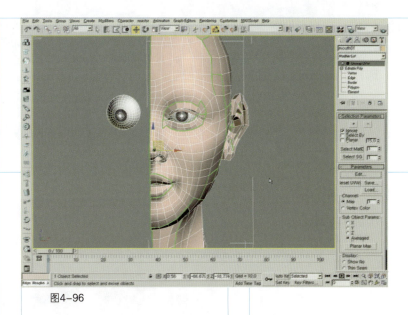

图4-96

（13）点击 Unwrap UVW，Edit，打开 Edit UVWs 编辑界面，然后点击贴图方式为法线贴图（Normal Mapping）。

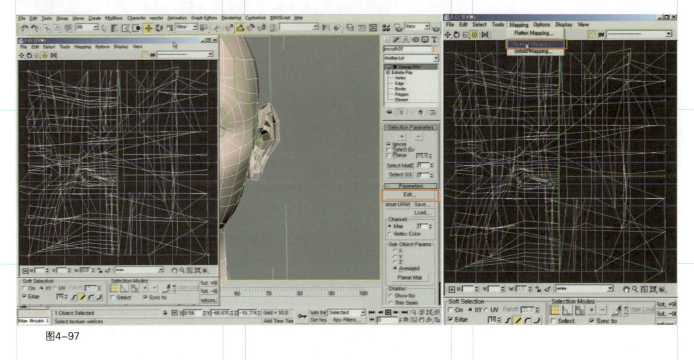

图4-97

（14）在 Edit UVWs 编辑界面将脸部完全展开成一个平面。

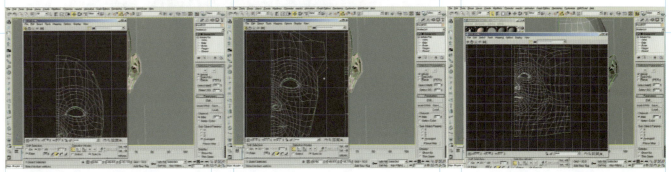

图4-98

（15）按 M 键打开材质编辑器，选取一个材质球，打开 Diffuse（贴图）通道，选取 Bitmap（位图）格式贴图。

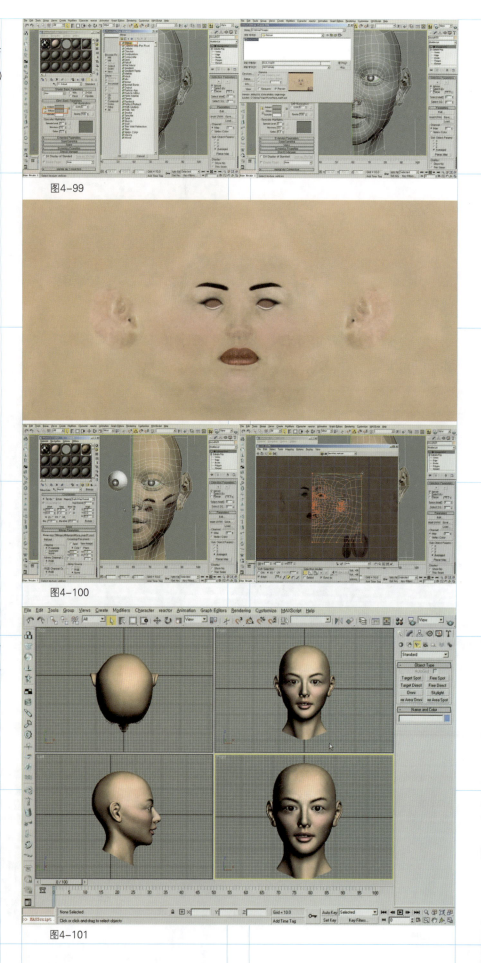

图4-99

（16）选取如下皮肤贴图。

图4-100

（17）在 Unwrap UVW 的 Edit UVWS 编辑器中，将展开的脸部与贴图对齐，得到图示效果。

图4-101

4.6.2 灯光

操作步骤：

（1）完成贴图工作后开始灯光设置，创建目标聚光灯 Creat，Lights，Target Spot，创建目标点聚光灯作为场景的主光。

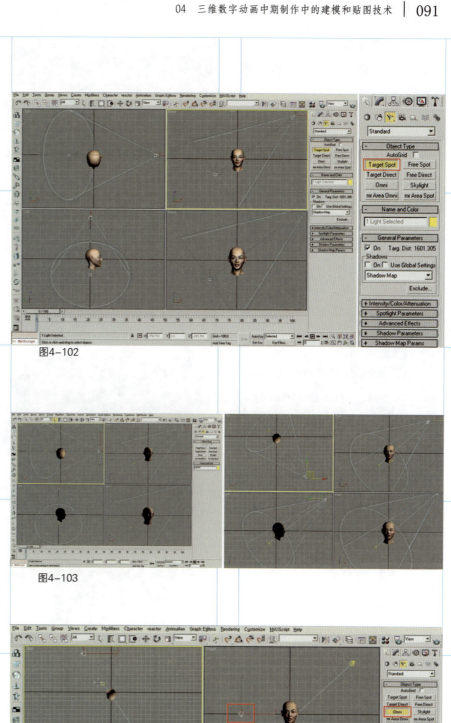

图4-102

（2）在创建了用户灯光后，系统自带的光源关闭。要从四个视图中去调整灯光的空间位置。

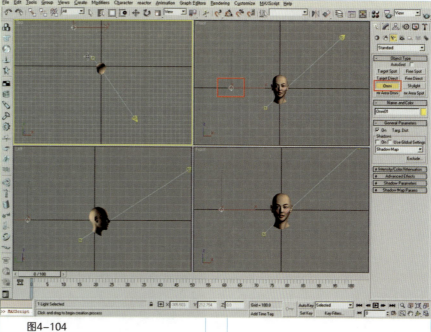

图4-103

（3）依次点击 Creat，Lights，Omni，在头像后部补创建点光源作为补光。

图4-104

（4）依次点击 Creat，Lights，Omni，在头像左侧补创建点光源作为侧光。

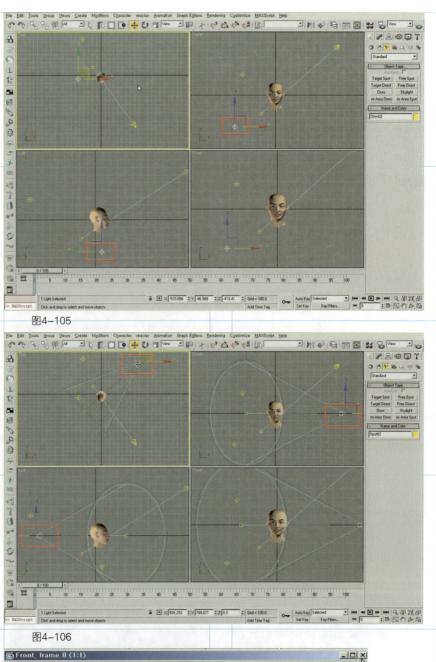

图4-105

（5）依次点击 Creat，Lights，Target Spot，再创建一个目标点聚光灯作为场景的补光。

图4-106

（6）按 F9 键查看初步渲染的效果，如感觉灯光的照明效果不佳，需要进一步调整。

图4-107

（7）依次点击 Modify，General Parameters，Shadow 打开主灯光的阴影，阴影类型选择 Area Shadows 面积阴影。依次点击 Modify，Intensity，Color，Attenuation，修改灯的光色。

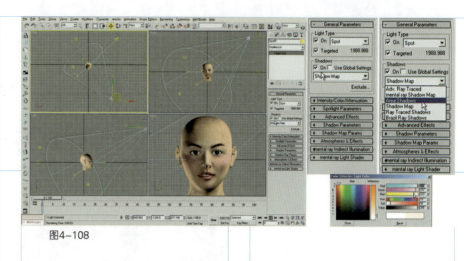

图4-108

（8）依次点击 Modify，Intensity，Color，Attenuation，Multiplier 设置右侧聚光灯强度为2。

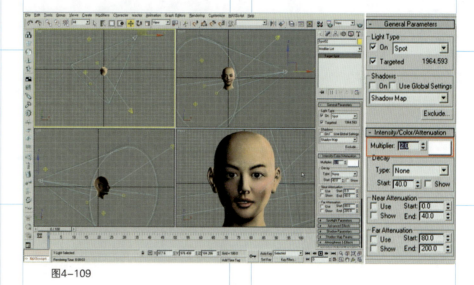

图4-109

（9）依次点击 Modify，Intensity，Color，Attenuation，Multiplier 发现左侧点光强度为0.3，光色偏冷。

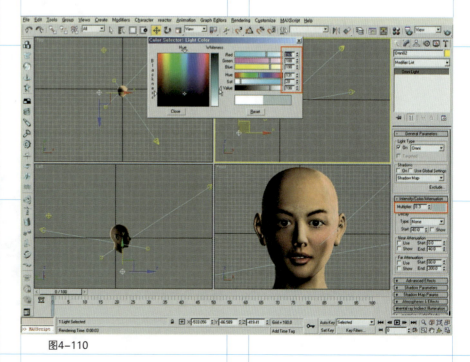

图4-110

（10）依次点击Modify，Intensity，Color，Attenuation，Multiplier设置左后侧点光强度为0.5暖光色。

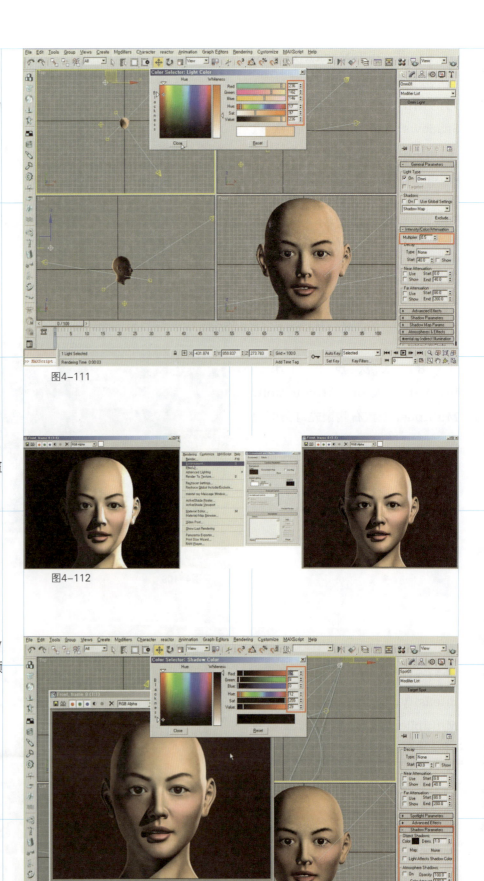

图4-111

（11）查看按F9键渲染的效果，灯光的照明效果有了改善；设置渲染图片的背景色。

图4-112

（12）点击Modify，Shadow Parameters设置主灯光阴影的颜色。

图4-113

（13）在头像后部，创建一盏聚光灯，依次点击 Modify，Intensity，Color，Attenuation，设置 Multiplier=2，点选 Advanced Effects，Ambient Only 完成设置。

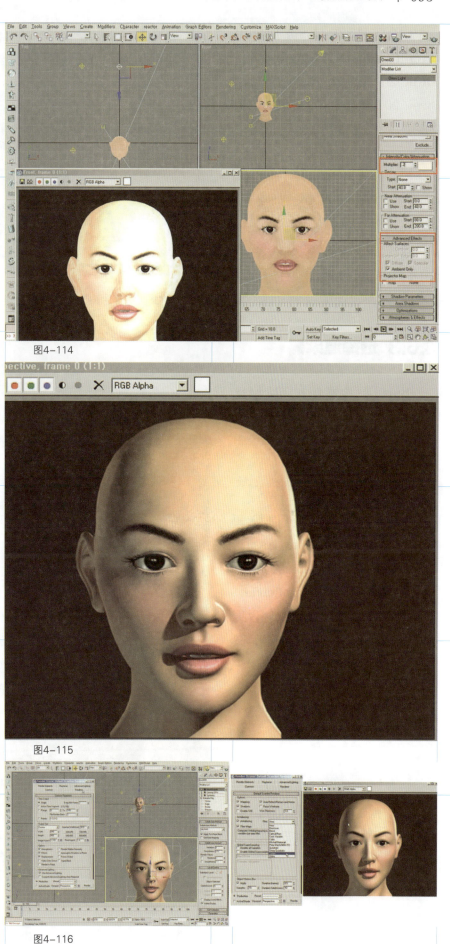

图4-114

（14）依次点击 Modify，Intensity，Color，Attenuation，Multiplier 将值调整为0.2，查看渲染效果。

图4-115

（15）按F10键打开渲染面板，依次点击 Default Scanline Render，Antialiasing，Filter 选择 Soften，渲染效果如图。

图4-116

（16）依次点击 Default Scanline Render, Antialiasing, Filter 选择 Blend。设置为 Filter Size：20；Blend：0.2。渲染效果如图。

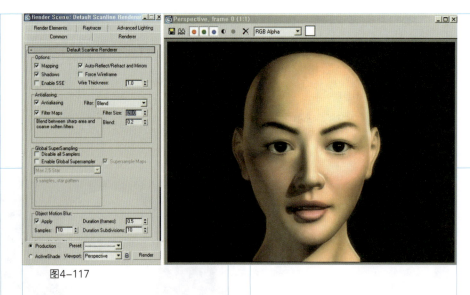

图4-117

4.6.3 选择渲染器

Brazil 渲染器作为 3DS Max 的外挂插件，渲染能力十分出色。下面简单介绍一下角色模型渲染中 Brazil 的运用。

操作步骤：

（1）按 F10 键打开渲染面板，依次点击 Common, Assign Render, Production 改变渲染器设置，默认为 Scanline Render。如果安装了 Brazil 渲染器就可以更换，巴西渲染器需要单独安装，图为巴西渲染器的操作面板。

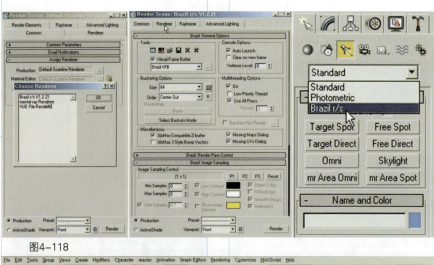

图4-118

（2）创建 Brazil 自带灯光，在场景中创建甲、乙、丙三盏灯光，如图所示。

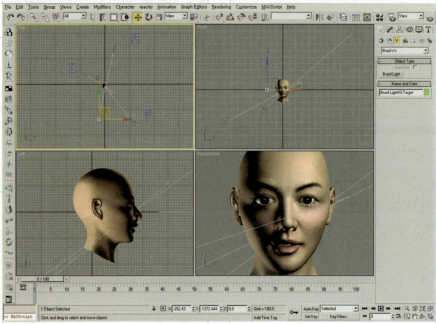

图4-119

（3）修改灯光甲的参数。

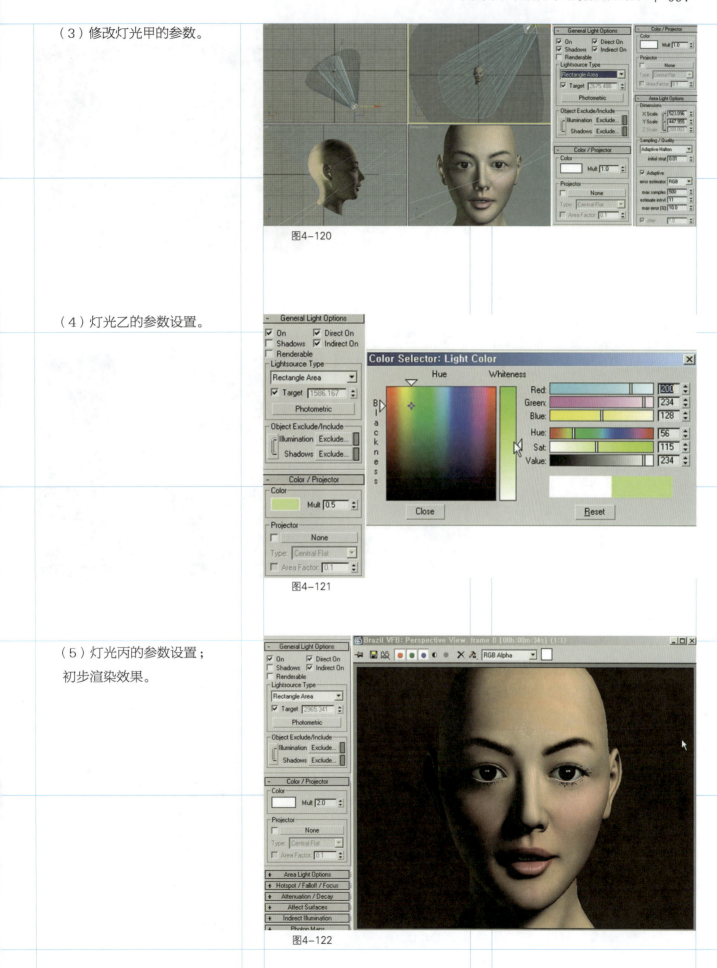

图4-120

（4）灯光乙的参数设置。

图4-121

（5）灯光丙的参数设置；
初步渲染效果。

图4-122

（6）依次点击 Render Scene,
Render, Brazil Luma Server,
Direct Illumination, 点 选 Sky
Light 打开 Brazil 渲染器的天光设
置。

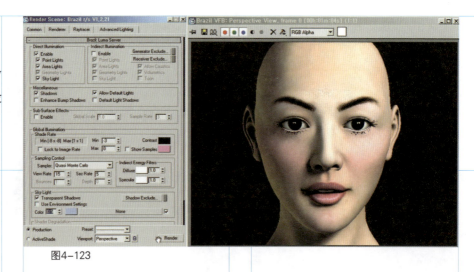

图4-123

（7）修改天光设置中的色彩,
渲染效果图。

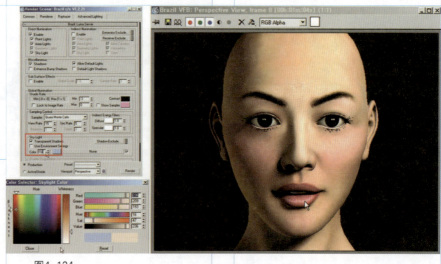

图4-124

（8）在渲染面板去除 Material
Editor 右侧的锁定，材质面板的材
质球变为可视，选取一个材质球，
将其属性改为 Brazil Advanced。

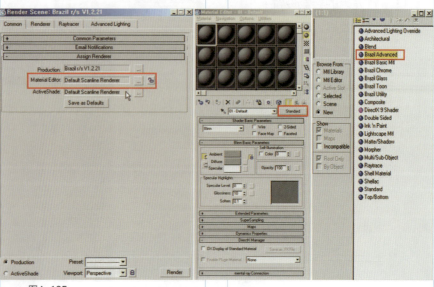

图4-125

（9）将材质的 Basic Shader 设置为 Skin，在 Basic Surface Properties，Color（CS）贴图通道选皮肤贴图。

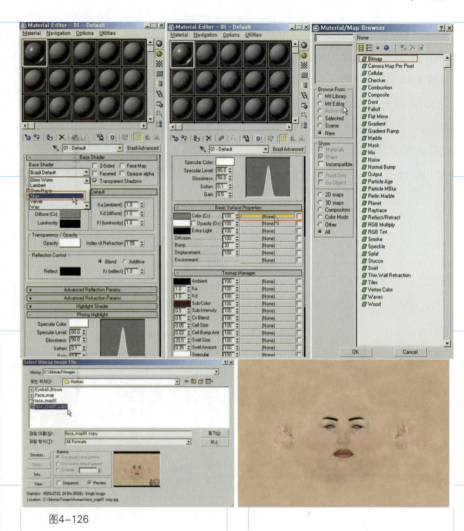

图4-126

（10）点击 Basic Surface Properties，Bump 贴图通道选皮肤凹凸贴图。

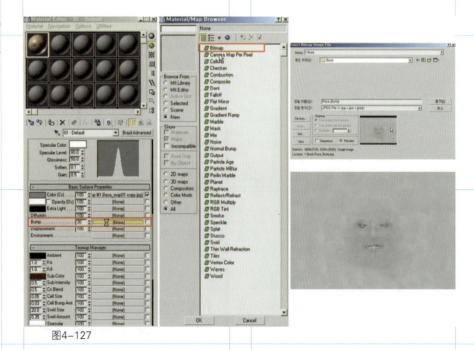

图4-127

（11）在材质面板的 Texmap Manager, Oilness 设置为5, Wetness 设置为0.7, 渲染面板的 Brazil : Image Sample, Min Samples : 1, Max Samples : 1。渲染效果如图4-128所示。

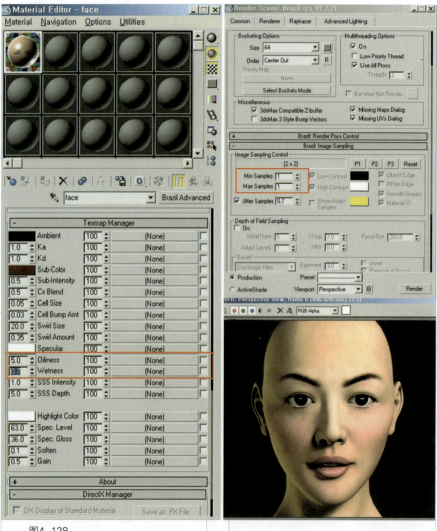

图4-128

　　人物脸部模型、贴图、渲染部分的工作到此告一段落。这一部分重点理解修改可编辑多边形物体的形状的方法，角色模型贴图的设置，灯光的设置，默认渲染器 Scanline 和 Brazil 渲染器的运用，要反复练习来掌握上述内容。

【本章小节】
　　本章详细介绍了使用 3DS Max 软件创建模型的过程：Edit Poly 编辑多边形。Eye 眼睛制作；Lip & Mouse 嘴部制作；Nose 鼻子制作；Ear 耳朵制作；Complete 完成。同学们可以边操作边查阅相关步骤，并通过视频光盘对照练习，这样可以更好地理解步骤说明中的相关文字，达到事半功倍的效果。

【练习题】
　　1.完成上一章动画故事中的角色建模。

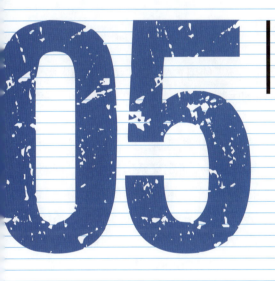

05 三维数字动画中期制作中的骨骼绑定与关键帧技术

本章主要介绍在 3DS Max 平台 CAT 骨骼动作系统中，三维数字动画的关键帧动作调整和动作捕捉技术，通过详细介绍具体的操作步骤，使学生能轻松掌握制作要领。

关键帧动作调整是三维数字角色动画中的核心技术。所谓关键帧动画，就是给需要动画效果的属性，准备一组与时间相关的值。这些值都是从动画序列中比较关键的帧中提取出来的，而其他时间帧中的值，可以用这些关键值，采用特定的插值方法计算得到，从而达到比较流畅的动画效果。

本章的主要内容是教大家如何对制作完的角色进行蒙皮和动画设置，简单来说就是教大家如何让角色动起来。在这里我们将会主要用到 Character Animation Toolkit（骨骼动画）系统和 Skin（蒙皮）命令。

5.1 CAT插件的骨骼设置

完成角色建模后，如果需要进行动画制作的话，首先需要为你的角色制作一个合适的骨骼。这里我们用 Character Animation Toolkit 系统来完成它。让我们从无到有开始制作一套骨骼架构。

5.1.1 CAT Rig 骨架结构

CAT Rig 是一个灵活的骨骼动画系统，使用 CAT Rig 可以创建人类、马匹、虫子、龙或者蜈蚣等各种各样的生物骨骼。使用一些简单部件来搭建出你想要的效果。

一个骨架里面有多少个不同的部件并没有限制，只有一些互相之间连接的基本规则。所有的部件都有一套用户可定义系统来决定其形态和运动参数，所有骨骼的形态均可用参数调节。同时每个部件也有一套自己的控制器来控制与其他部件之间的运动关系（如反向动力学系统 IK System，参数化的循环动作系统 CAT Motion）。这些部件被称为：The CATParent 父物体图标、Hubs 连接部、Spines 脊骨、Legs 腿部、Arms 手臂、Tails 尾巴，每个部件还有其子部件。

CAT Rig 骨架在 CAT Parent 图标基础上创建，CAT Parent 图标是骨架创建时产生的工具符号集，可以当做骨架的角色节点。CAT Parent 中有骨架的名字、大小和一些其他的基本数据。CAT Rig 有其自身的单位系统，叫做 CAT Units。一个 CAT Unit 单位相当于一个高 1.8 米的骨架上的 1 厘米。这只是相对的，只是给使用者提供一个起始点而已。

使用 CAT Units 单位的好处就是当你改变骨架的大小时，所有的 CAT Motion 动画参数都不会改变（与骨架成固定比例），同时可让你在不影响 IK 设置的前提下改变骨架的大小。

图5-1　CAT Parent图标

5.1.2　制作一套CAT骨架

步骤：

（1）进入创建命令面板。

（2）点击 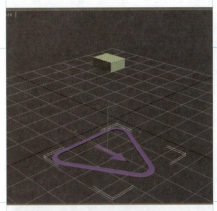（Helpers），创建帮助物体。

（3）选择 CAT Objects，在这个界面下我们点击 CAT Parent。

（4）在列表中说明骨骼都不要选，只在视图中点击、拖曳鼠标。这样就创建了一个 CAT Parent（骨架的父物体图标），如果列表框中已经有一个骨架被选中的话，选择 None。

（5）在 CAT Parent 被选取的状态下进入修改命名面板。

（6）点击面板下方的 Create Pelvis（创建骨盆）按钮，视图中出现一个默认大小的骨盆（图5-2）。

（7）选择这个骨盆并进入修改命令面板。图5-3为 Hub（连接部）参数面板，在 Hub Parameters（连接部）面板里可以添加肢体、脊骨、尾巴，及其他连接部等。这个步骤可以让使用者快速地创建想要的骨架。

（8）点击两次 Add Leg，再点击一下 Add Spine。这样就在盆骨基础上创建了两条腿，是一个胸骨连带脊柱了（图5-4）。接下来创建上半身的各个部位。

（9）选中胸骨在修改命令面板中点击 Add Arm 和 Add Spine 来创建手臂和头部（图5-5）。

图5-2

图5-3

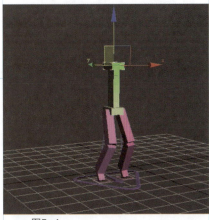

图5-4

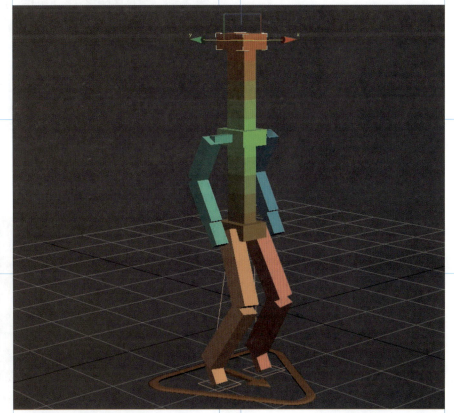

图5-5

（10）调整一下头部，选中颈部骨骼，在 Spine Setup 卷轴中来调整 Num Bones 的数值，可以看到默认情况下是"5"，我们将其调整为"2" 并且调整 Length 和 Size 的值，让头颈部要这么粗（图5-6）。

（11）现在可以用以上方法给手加上手指，如果是有尾巴的生物可以给它加尾巴，也可以直接移动 Hub 部位来改变骨骼的位置（图5-7）。

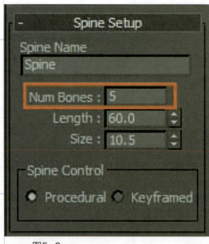

图5-6

图5-7

（12）虽然 CAT 的骨骼可以通过参数进行调整，但有时候使用者可能想改变一下骨骼的形状，这时可以使用标准的 3DS max 的物体修改器，如 Taper, Edit Mesh 以及 FFD 修改器等，将它们直接添加在需要修改的骨骼上。

5.1.3 创建CAT骨架匹配模型

首先创建 CAT 自带骨骼，打开一个已经完成了的人形角色模型。在这个模型中，可以看到其布线已经相对合理了，有利于以后的蒙皮工作。

图5-8

步骤：

（1）在Create面板中点击 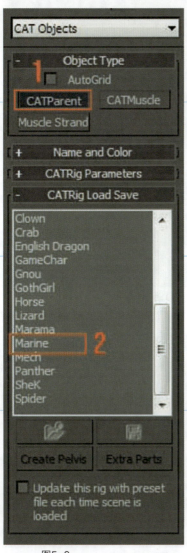 （Helpers）。

（2）在其下拉菜单中选择CAT Objects，在这个界面下点击CAT Parent，进入CAT的操作面板（图5-9）。

在CAT Rig Load Save中载入合适模型的骨架，这里有许多骨骼模式，挑选一个最适合模型的骨骼，对其进行调整使其匹配模型。由于我们的例子是人形生物，所以我们现在选择Marine（海军陆战队员）这个骨架来匹配我们的模型（当然还有很多两足生物的骨骼可以选用）。

（3）在这里先注意一下骨骼名字，在选中CAT骨骼的底盘（图5-10，我们称它CAT Parent Helpers）界面下打开CAT Rig。

Parameters卷轴，会出现Name（骨架名称）：Marine01。骨架创建的时候被定制为预设方案中的名字。如果想在某个场景中读取多个同样的骨架，最好分别改为不同的名字。对CAT Parent图标重命名之后，所有的CAT骨架将会继承这个新名字。

图5-9

图5-10

5.1.4 调整CAT骨骼尺寸

现在我们来根据模型大小大致调整一下 CAT 骨架大小，步骤如下：

（1）选中 CAT Parent（图 5–11）。

（2）选择 Modify（修改）界面，在 Name 处可以更改骨骼名字，设置 CAT Units Scale 数值来调整骨骼大小（图 5–12）。

（3）选择 CAT Rig Parameters 卷轴内 CAT Units Scale（骨架单位大小）来调整骨骼大小。按下快捷键"F3"，在线框模式下来观察模型和骨架的比例会比较直观一点，也可以选中模型按下"Alt + X"将模型透明化，调整完毕后再按下"Alt + X"将其恢复回来（图 5–13）。

（4）在调整骨架整体大小的时候，一般是以盆骨和肩膀为标准来调整整个骨骼的大小。因为一般卡通角色不可能一次就调整完毕，毕竟不是标准的身材比例，所以接下来我们还需要对各个部位的骨骼进行精确的调整（图 5–14）。

图5–12

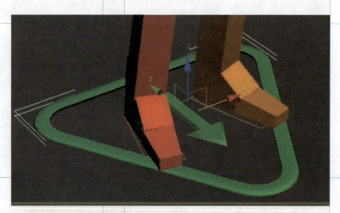

图5–11

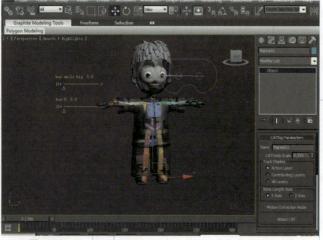

图5–13

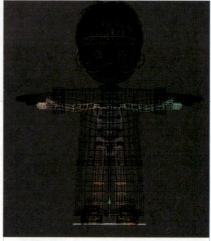

图5–14

5.1.5 CAT骨骼精确调整

目前的状态，骨骼和模型的匹配还有很大差别，需要对骨骼进行细微的调整。步骤如下：

（1）首先调整盆骨的位置和大小，选中盆骨。

（2）在 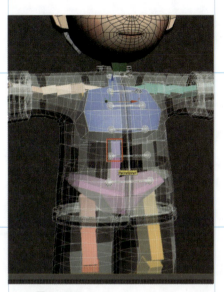 Modify（修改）界面中，有长、宽、高的数值可以分别调整，也可以直接用缩放工具来对骨骼进行调整。

（3）选择胸骨直接向上移动使其和身体匹配，大家会发现中间的骨骼会自动拉长，但是不会增加骨骼数量。如果想增加骨骼数量可以选中想增加部位的骨骼，在 Modify（修改）中修改骨骼数（图 5-15）。

（4）调整腿部骨骼，先选中脚底的 IK 控制器，将其移动至脚部合适位置（图 5-16）。

在这里说明一下为什么不直接选择脚的骨骼，而是选择脚下的控制器：因为在往后调整动画时，只有移动 IK 控制器才能移动脚步。所以为了不让脚部和控制器偏位，我们直接选择 IK 控制器来调整。

（5）调整膝盖和大腿骨的位置和长短，注意在调整骨骼的时候所有的关节处都应该放在最初建模时预留的布线处，这样到时候做动作时就不容易出现穿插现象。所以建模时关节处的布线要尽量多点，且要均匀。现在模型中的大腿骨是由两段骨骼组成，由于是初级教程，为了以后蒙皮方便，现在先把骨骼数调整为"1"。

注意：两个关节间的骨骼段数多比段数少的更易于控制模型面，运动起来更加细腻。

图5-15

图5-16

5.1.6 镜像CAT骨骼

左腿调整完毕后，需要把左腿的信息镜像到右腿去。步骤如下：

（1）选中大腿骨。

（2）在 Modify（修改）界面中，我们在 Limb Setup 卷轴中点击 来复制整条左腿的信息。

（3）选择右腿相同的部位点击 ，这样整条左腿的位置信息都会被镜像到右腿上去（图5-17）。

（4）在 Limb Setup 中是复制整条腿或是整条手臂的信息。如果想复制单独的骨骼可以在 Bone Setup 中进行镜像。现在可以用以上方法来根据自己的模型来调整整个骨骼了。

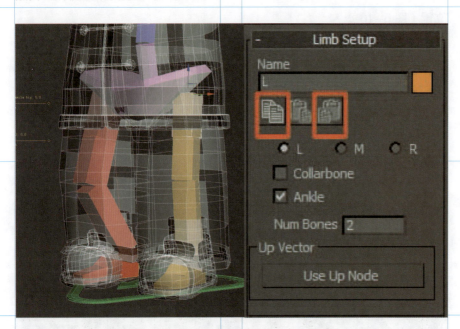

图5-17

5.2 Skin 蒙皮

接下来介绍 3DS Max 中的 Skin 命令，用它来进行蒙皮。

图5-18　蒙皮

5.2.1 骨骼的添加和权重范围的调整

选中需要绑定的模型，在 Modifier List 中选择 Skin 命令，在 Skin 命令下为模型添加骨骼，展开 Parameters 卷轴，在 Bones 中点击 Add 添加骨骼，将需要的骨骼添加进命令中。如果发现添加错误可以在 Parameters 卷轴内的骨骼列表中选中错误项，然后点 Remove 将其移除，这样不会影响其他的骨骼。

图5-19　添加骨骼

在完成骨骼添加工作后，可以进行骨骼对模型权重的调整。点击 Edit Envelopes 按钮，可以查看每根骨骼的权重范围。现在要做的就是将每根骨骼的权重范围调整好。

先对每根骨骼的权重范围大致划分好，可以通过调整权重范围的长度和直径来进行大致的规划。

蒙皮和绑定是一个概念，就是由骨骼来驱动肌肉，在 3DS Max 中权重就是指当前骨骼对模型的点的控制力，由点驱动面，这样就能使模型发生形上的变化了。这个控制力的范围是从 0 ~ 1，0 为不影响，1 为 100% 受控于当前骨骼。

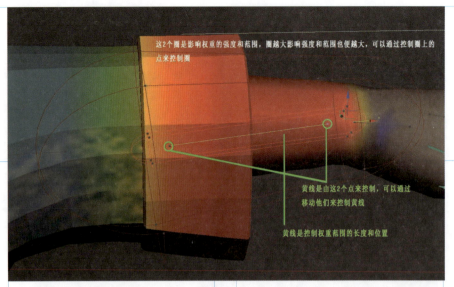

图5-20　修改权重

5.2.2 权重的调整

以手臂为例，人的手臂上下分别有手腕关节和肘关节，中间部分在运动时较少发生变形，那我们就可以把中间的点都设置为"1"，到了两头关节处，数值就可以慢慢变小，渐变到另一段骨骼。这样在关节处，分别被两根骨骼受力，部位就能发生弯曲了。

注意：人的肌肉不只是关节处才会有变化，手臂在转动时手臂肌肉也是会变化的，所以很多时候为使动画更加真实，可以把一根骨头做成由几段骨骼组成。这样在绑定的时候一根骨骼上的肌肉就会有几段权重范围，在转动骨骼的时候肌肉就会发生细微变化。现在为了演示蒙皮方法，所以简单地设置每根骨头都是由一段骨骼直接组成。

介绍一下笔刷工具，这个工具可以帮助我们粗略地修改权重。步骤如下：

（1）展开 Parameters 卷轴，有一个 Weight Properties（图5-21）分支，在其中找到 Paint Weights 并且点击它，这样就可以在视图中对模型的点进行权重调整了。

（2）点击 Paint Weights 旁边那个按钮（图5-21 中用绿框表示的），弹出 Painter Options 界面，这个是权重笔刷的一些参数，有笔刷大小、最大、最小影响强度等（图5-22）。

图5-21

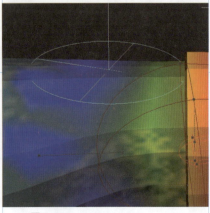

图5-22

图5-23

图5-24

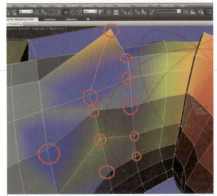

图5-26

（3）如果觉得这样还不够的话，还有另外一个更精确的方法，它可以单独调整一个点的权重数值，如图5-23所示。

（4）在Parameters卷轴中，勾选Vertices选项（图5-24）。这个选项可以让我们直接对模型上的点进行控制。

（5）为了更好地演示，我们先将手臂弯曲看效果。如图5-25所示，为讲解方便，先将这两段骨骼称之为A和B。红色框内的部分发生了穿插和变形，这部分理应不由这段骨骼控制，但是由于这部分的个别点受到了A骨骼的驱使发生了位移，导致B段面变形。绿色框部分表示在手臂弯曲时这里的点应发生变化，并且是需要A、B两段骨骼各控制一部分相互作用。

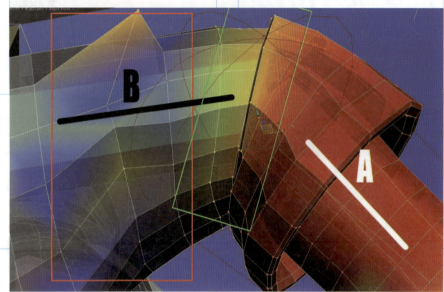

图5-25

（6）解决方法就是靠之前提到的直接控制点的权重来处理。在Vertices勾选的情况下分别选中不需要被A骨控制的点（图5-26）。

（7）展开Parameters卷轴，在Weight Properties中点击Exclude Selected Verts，来取消A骨骼对这些点的控制。Include Selected Verts为包含选择点，就是控制选中的点（图5-27）。

蓝色框的内容为各点的权重值，红色框的内容是取消对点的控制，绿色框的内容是包含此点对其进行控制。

图5-27

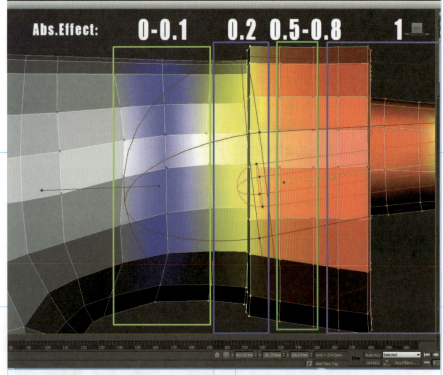

图5-28

（8）在关节处点的处理中需要视具体情况而改变设置，在这个模型里，由于在关节处布线多为闭合的圈形，所以可以选择一圈点，然后调节Parameters卷轴中Weight Properties下的Abs.Effect数值，这个数值是此段骨骼对该点的权重力。关节处的受力（图5-28）并不是千篇一律，需要根据具体情况设置。

黄色框部分的权重值：0-0.1。蓝色框部分的权重值：0.2。绿色框部分的权重值：0.5-0.8。紫色框部分的权重值：1。

关节处的点应该同时受到A骨骼和B骨骼的影响，越靠近A骨骼的点受A骨骼的牵引就越大，同理越靠近B骨骼的点受A骨骼的牵引就越小，反之对B骨骼处的权重也是一样的。所以当我们选中A骨骼处的权重时，点的受力分布应该是由A向B递减。

5.2.3 权重镜像

接下来用同样的方法将左半边其他部位都绑定在骨骼上。

左半边的蒙皮都完成后，我们不用再一一调整右边部分了，可以利用Skin命令中的镜像功能来将左边的绑定信息镜像到右边去。步骤如下：

（1）选择模型上Skin中的Envelope，在Mirror Parameters卷轴中点击Mirror Mode，激活镜像模式（图5-29）。

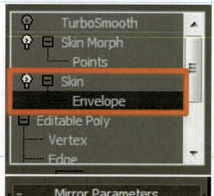

图5-29

（2）可以看到左右两边权重布局和模型上的点。白圈和绿圈指出了两边权重布局的区别（图5-30）。

（3）权重镜像的一些常命令：

▶ Paste Green to Blue Bone，将绿色部分的骨骼权重布局镜像到蓝色部分。

◀ Paste Blue to Green Bone，将蓝色部分的骨骼权重布局镜像到绿色部分。

▶ Paste Green to Blue Verts，将绿色部分点的权重信息镜像到蓝色部分。

◀ Paste Blue to Green Verts，将蓝色部分点的权重信息镜像到绿色部分。

（4）由上面的命令知道我们必须先将左右两边的颜色区分开来。现在让我们来完成镜像前的调整（图5-31）。

将 Mirror Plane 调整为 X 轴，根据各自模型的轴向来定。调整 Mirror Offset 的值将轴线放在中央，一般默认状态下都在中间，数值为"0"。调整 Mirror Thresh 值，须根据具体情况来调整，调整到满意为止。

（5）在镜像模式下我们可以看到模型中间有一条黄色的线，这是镜像的轴线。现在我们要做的就是让左边的部分完全变成蓝色，右边的部分完全变成绿色。

目前我们已经把左右两边的信息都调整完毕了。

（6）在调整左右两边的信息后，我们首先需要镜像的是骨骼权重布局。由于是将左边的镜像到右边去，所以我们先点◀ Paste Blue to Green Bone，使右边权重布局和左边一样。

目前左右两边的骨骼权重布局已相同。

（7）接下来点击◀ Paste Blue to Green Verts，将左边的权重信息镜像到右边去。镜像过程完成。检查右边的权重信息有无问题，也可以适当地进行一下调整。整个模型的蒙皮就完成了。

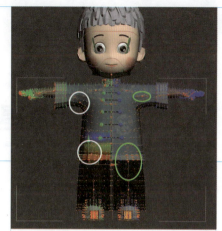

图5-30

图5-31

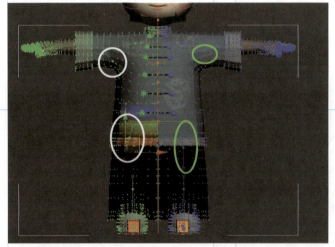

图5-32

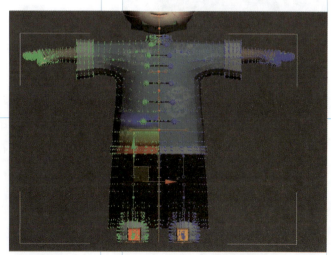

图5-33

5.3 CAT插件基础动画设置

CAT 的基础动画设置，最常用的便是层级动画。

5.3.1 绝对层动画

（1）选中任意骨骼

（2）点击 Motion（运动管理器），展开 Layer Manager（层管理器）如图 5-34 所示。

（3）点击 Add Layer（增加图层）。

（4）在弹出的菜单中选择 Abs 绝对动画层。在创建完绝对动画层后，可以在动画层列表中见到一个 100% 的绝对动画层 Animation Layer（图 5-35）。

（5）动画层创建完毕，但是必须打开动画模式，否则无论怎么动骨骼都还是在骨骼设置模式中，从而无法创建关键帧。

点击 Setup/Animation Mode Toggle 按钮，转化为动画模式 。在这个模式下可以任意创建关键帧。

（6）未来制作的动画都被记录在先前所创建的绝对动画层上。所有的动画都使用标准的 3DS Max 动画控制器，创建动画的方式跟 3DS Max 原有的方式一样，在轨迹视图中使用同样的方式处理关键帧。

图5-34

图5-35

5.3.2 关键帧的制作

现在已经为骨骼创建了一个绝对动画层，接下来可以给骨骼创建关键帧了。

在 3DS Max 软件中默认的动画设置为 NTSC 30 帧每秒。如果需要调整，可以在界面最下方的 ⏱ Time Configuration 选项中调整。步骤如下：

（1）打开自动关键帧模式，点击动画轴下面的 Auto Key 按钮，这时会发现动画轴已经变成红色，说明自动关键帧模式已经开启（图 5-36）。

（2）选中骨骼的盆骨，让它做一个下蹲的动作（图 5-37）。

（3）在第 0 帧的位置创建一个关键帧，以这一帧作为起始帧，在自动关键帧模式打开的情况下点击 ☑ Set Keys 或是按下快捷键 "K" 键，就可以得到一个起始帧（图 5-38）。

（4）将时间条移动到第 10 帧（图 5-39）。

（5）在第 10 帧的位置移动盆骨，让其向下移动到差不多的位置，这时在第 10 帧处出现了一个红色的关键帧（图 5-40）。

说明：关键帧的不同颜色代表其所附带的信息不同，红色代表位移信息，绿色代表旋转信息，蓝色代表变形信息。我们在第 10 帧时只让盆骨做了一个从上至下的位移动作，所以这里就只会出现红色的关键帧，而在第 0 帧时使用了 Set Keys 命令，所以它将这个部位的所有信息都记录下来，这样在第 0 帧就得到了 3 个颜色的关键帧。

（6）如果想要修改关键帧的信息，方法也很简单。例如觉得第 10 帧盆骨位置不合适，需要将它向右移动，并且需要改变方向，只需将时间条放在第 10 帧，然后选中盆骨，使用移动、旋转工具对其进行修改。

修改完后会得到一个红色或绿色的关键帧，那是因为在第 10 帧的时候选中物体发生了旋转，所以在关键帧中就反映出来了（图 5-41）。

（7）如果觉得将关键帧放在第 10 帧不合适，只需选中该关键帧将其拖至想放入的那一帧即可。

关于 Set Key Set Key 开关，用法与自动关键帧相似，只是它是手动设置关键帧，在打开情况下移动骨骼（物体）不会自动生成关键帧。必须在调整姿态完毕后，手动点击 ☑ Set Keys 键或者按下快捷键 "K"，才会

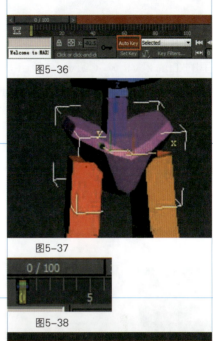

图5-36

图5-37

图5-38

图5-39

图5-40

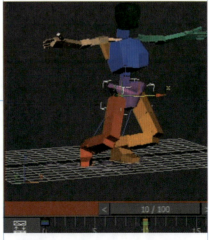

图5-41

生成关键帧。

（8）关于关键帧的精细调整可以选择在命令菜单中的Graph Editors里的Track View–Curve Editor界面中调整（图5–42）。这个界面可以提供使用者需要的工具来修改关键帧与帧之间的曲线关系。

图5–42

5.3.3 运动层动画

（1）创建一个动画层

在CAT骨骼系统的动画层中有一个CAT Motion Layer，在这层中，我们可以调用CAT一些自带的动作。步骤如下：

①用刚才创建绝对层的方法来创建一个运动层（图5–43）。

②创建完成后，打开动画模式开关。现在视图中的模型已经有一个循环动作了（图5–44、图5–45）。

③进入CAT Motion的预设动作控制面板中，点击 CAT Motion Editor进入（图5–46）。

④在打开的CAT Motion Presets面板中的Available Presets菜单中，双击"2 Legs"会出现几个预设动作（图5–47）。

⑤设置Game Char Creep这个动作，在弹出的对话框中点击Load，这样就给骨骼赋予了一个新的动作（图5–48）。

图5–43

图5–44

图5–45

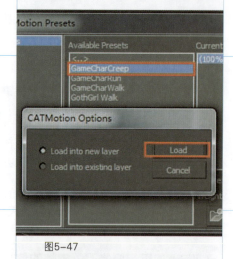

图5–46

图5–47

图5–48

（2）对 CAT 自带动作进行调整

对 CAT 自带动作的调整主要是在 CAT Motion Presets 面板进行，这里不作赘述。步骤如下：

①重新打开 CAT Motion Presets 面板。

②在第一个窗口中选择 Globals 选项，这是动作的一些基本信息。

CAT Motion Range，决定动作的起始帧和结束帧。

Stride Parameters，这个选项里的参数主要用来调整动作的快慢、运动的距离、运动的方向等，使用者自己尝试一下就会明白。

Walk Mode,行走模式,原地行走(Walk on Spot)、沿直线行走(Walk on Line)、沿路径行走（ Walk on Path Node ）。

图5-49

③ Pelvis Group、Ribcage Group、Head Group，分别是盆骨组、胸部组和头部组，这些组里包含了由他们伸展出的子级骨骼，比如盆骨组中包含了腿部、盆骨，腿部中又包含了脚。每个部位里都有其特有信息可以进行调整，比如脚步的大小幅度，脚步的移动速度等。

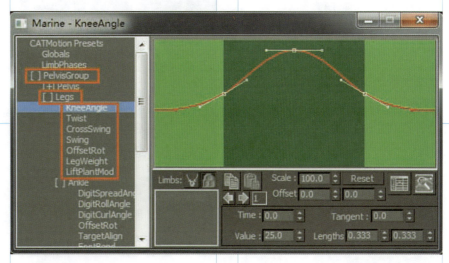

图5-50

5.3.4 相对层动画

相对层动画的意义就在于，它可以混合绝对层动画和运动层动画。步骤如下：

（1）首先创建一个人形骨骼，并给它一个运动动画且挑选一套自带的骨骼动画。开启动画设置开关（图5-51、图5-52）。

图5-51

图5-52

（2）创建一个相对层动画（图5-53）。

图5-53

（3）将相对动画层放在运动动画层下面，这样可以覆盖运动动画层的动画。如果将相对层放在运动动画层（或者绝对动画层）上面，是无法建立关键帧的。选择相对动画层，点击 Move Layer Down，使相对动画层向下移动（图5-54）。

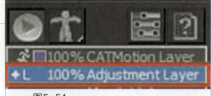
图5-54

（4）现在可以在相对动画层上调整骨骼姿态建立关键帧了，把手的位置降低，不需要这么多动作，首先选择相对动画层。

（5）选择手臂使其旋转下来，并且在第0帧上设置关键帧，这样就把运动动画层和相对动画层混合起来了（图5-55）。

（6）由于之前只是将两个动画层混合，所以手部的动作中还是保留了运动动画层的动画信息，手部动作还是比较大，现在要减小手部动作的幅度。

图5-55

首先依照已知的方法，在相对动画层下面再创建一个绝对动画层。由于绝对动画层是直接覆盖的，所以当绝对动画的权重在 100% 时的属性，它所覆盖的动画层信息就无法和绝对动画层融合（图 5-56）。

图5-56

（7）在无关键帧状况下，骨架是不会产生运动的。接下来只要让手部受到绝对动画层的影响，而其他部位照常受原来动画层的信息影响而运动（图 5-57）。

图5-57

（8）在动画层的权重信息面板中有两种权重，先将 Global Weight（整体权重）值调为"0"。

现在整个骨架又可以像之前那样运动了，如果调整为"50"，就可以看到骨架动作的幅度又减弱了（由于现在绝对动画层上没有动画信息，所以绝对动画层的信息就以第"0"帧骨骼姿态作为默认信息），绝对动画层和之前的两个动画层各控制 50%。所以这个功能就好比 Photoshop 中图层透明度的效果一样。

把权重信息都调整回原来的 100%，接下来了解 Local Weight（单个权重），顾名思义，就是控制单个骨骼在这个动画层的权重值。

选中胸骨，然后再将 Local Weight 的数值调整为"0"，我们会发现胸骨继承了前两层动画的动作，那是因为解放了胸骨在绝对动画层的权重，所以要想手部动画减弱，可以用 Local Weight 来调整权重。现在在绝对动画层中把盆骨、腿骨、脚部 IK、头部的 Local Weight 值都调整为"0"，让它们完全继承前两层的动画信息，再选中手部，将其调整为 50%，这样就把手部的动作幅度给降下来了。

S.4 动作捕捉（Motion Capture）技术

随着数字动画技术的广泛运用，依靠动画师逐帧调节角色动作的传统动画制作方法逐渐显现出它的缺点和不足：低效率、低质量，耗费较大的人力和物力。动作捕捉技术在动画制作领域的运用，极大地提升了动画制作的速度和质量，为整个行业的发展都注入了强大的动力。极具真实性的动作捕捉技术还被充分地运用到影视、广告和游戏制作等相关行业中。动作捕捉技术在国外影视动画行业已逐渐得到广泛的应用，近年来，国内在此领域的发展也取得了显著的进步。

2001年，《最终幻想：内在精神》第一次尝试创造一个全三维的虚拟人类世界——当时计算机动画的平均成本是4000美元/秒，它震慑了每个人的眼球（即使从今天的眼光来看，女主角艾琪·罗斯也仍然是一个相当完美的三维造物）。如果说《最终幻想》第一次让人们知道，用三维技术模拟一个真实的世界是可行的，那么2007年的《贝奥武夫》则比它更进一步，这些都得益于它们的动作捕捉技术。在《贝奥武夫》中，动作捕捉技术的精度更高（每个演员躯干上有78个捕捉点，每只手各25个捕捉点，脸上有121个捕捉点），影片中最吸引眼球的是安吉丽娜·茱莉的表演。虽然并非真人实拍，可片中的人物动作都是根据演员本人捕捉的，可谓惟妙惟肖。而且全三维人类角色不再那么惹人反感，他们不是照片式的，而是风格化的，像油画，透露着中世纪史诗特有的神秘色彩。这样一部优秀作品的导演不是别人，正是曾经因《阿甘正传》而名震电影界的罗伯特·泽米吉斯。在此之前，2004年的技术探索力作《极地快递》也大放光芒，运用了动作捕捉技术和眼动电图描迹（EOG）等一系列高科技含量的新型影像技术，而《贝奥武夫》就是不断地完善技术和画面。可见以动作捕捉技术为代表的三维数字动画技术，无论对电影制片人还是对观众而言都是难以抗拒的。

另外在2008年6月上映的《功夫熊猫》，这部由梦工厂出品的动画大片，主要讲述一只大熊猫拜师学武的冒险故事。而同门师兄弟蛇、虎、螳螂、猴等所使用的则都是中国功夫中蛇拳、虎拳等相应拳法。同样那几个可爱的动物也是采用根据真人捕捉的功夫数据，此外根据该片改编的同名游戏作品在2008年夏季与电影同期发售。电影与游戏双向出击，可以想象动作捕捉技术的运用在我们的视觉世界里扮演着越来越重要的角色。

图5-58　2001年上映的《最终幻想》

图5-59 2004年上映的《极地快递》

图5-60 2007年上映的《贝奥武夫》

图5-61 2008年上映的《功夫熊猫》

5.4.1 动作捕捉仪原理

动作捕捉技术涉及尺寸测量、物理空间里物体的定位和方位测定等方面，然后由计算机处理这些数据。在运动物体的关键部位设置跟踪器，由动作捕捉系统捕捉跟踪器的位置，再经过计算机处理，提供用户可以在动画制作中应用的数据。当数据被计算机识别后，动画师就可以将数据与动画角色合成，生成动画，然后很方便地在计算机产生的镜头中调整、控制运动的物体。

动作捕捉仪系统主要分为表情捕捉和身体运动捕捉两类。从实时性来分，可分为实时捕捉系统和非实时捕捉系统两种。从工作原理来看，目前常用的方式主要有机械式、声学式、电磁式和光学式运动捕捉。

各种技术均有自己的优缺点和适用场合。机械式运动捕捉依靠机械装置来跟踪和测量运动轨迹。其缺点非常明显，主要是使用起来非常不方便，机械结构对表演者的动作阻碍和限制很大。

常用的声学式运动捕捉装置由发送器、接收器和处理单元组成。这类装置成本较低，但对运动的捕捉有较大的延迟和滞后，实时性较差，精度一般不高，声源和接收器间不能有大的遮挡物体，受噪声和多次反射等干扰较大。由于空气中声波的速度与气压、湿度、温度有关，所以还必须在算法中做出相应的补偿。

电磁式运动捕捉系统是目前比较常用的运动捕捉设备。一般由发射源、接收传感器和数据处理单元组成。它的缺点在于对环境要求严格，在表演场地附近不能有金属物品，否则会造成电磁场畸变，影响精度。系统的允许表演范围比光学式要小，特别是电缆对表演者的活动限制比较大，比较剧烈的运动和表演不适用。

光学式运动捕捉是现在最普遍也最值得推荐的捕捉系统。光学式运动捕捉通过对目标上特定光点的监视和跟踪来完成运动捕捉的任务。目前常见的光学式运动捕捉大多基于计算机视觉原理。从理论上说，对于空间中的一个点，只要它能同时被两部相机所见，则根据同一时刻两部相机所拍摄的图像和相机参数，可以确定这一时刻该点在空间中的位置。当相机以足够高的速率连续拍摄时，从图像序列中就可以得到该点的运动轨迹。

典型的光学式运动捕捉系统通常使用 6 ～ 8 个相机环绕表演场地排列，这些相机的视野重叠区域就是表演者的动作范围。为了便于处理，通常要求表演者穿上单色的服装。在身体的关键部位，如关节、髋部、肘、腕等位置贴上一些特制的标志或发光点，称为"Marker"，视觉系统将识别和处理这些标志。系统定标后，相机连续拍摄表演者的动作并将图像序列保存下来，然后再进行分析和处理，识别其中的标志点，并计算其在每一瞬间的空间位置，进而得到其运动轨迹。为了得到准确的运动轨迹，相机应有较高的拍摄速率，一般要达到每秒 60 帧以上。

光学式运动捕捉的优点是表演者活动范围大，不受电缆、机械装置的限制，表演者可以自由地表演，使用很方便。其采样速率较高，可以满足多数高速运动测量的需要。Marker 的价格便宜，降低了成本。

这种方法的缺点是系统价格昂贵，虽然它可以捕捉实时运动，但后期处理（包括 Marker 的识别、跟踪、空间坐标的计算）的工作量较大。对于表演场地的光照、反射情况有一定的要求，装置定标也较为繁琐。特别是当运动复杂时，不同部位的 Marker 有可能发生混淆、遮挡，产生错误结果，这时需要人工干预后期处理过程。

5.4.2 动作捕捉过程

动作捕捉过程包括前期准备、捕捉过程、动作数据修正、动作数据与模型结合四个环节。这里我们以上海工程技术大学承担的上海市教委一般项目《中国民族舞蹈三维数据库》建设中的动作捕捉为例进行介绍。

前期准备：动画角色建模方面，跟一般角色动画不同，应该基于动作捕捉技术而制作虚拟动画角色。一般要求角色与被捕捉的演员的形象比较接近。因为最终会将捕捉到的演员动作数据匹配到角色当中，如果差别很大，将会给动画制作增加难度。例如：如果演员很瘦小，而制作角色的模型很魁梧，将演员的动作数据导入到角色模型中的时候，会发现角色的动作数据都正确，但手和脚时不时会穿插进身体，骨架比例严重不协调，出现很多的错误，所以在数据捕捉之前要尽可能根据演员的身材比例来制作角色模型。

我们在民族舞的制作中，一般先拍下舞蹈演员的正面和侧面全身照，并根据这些资料来确定角色的身体形象。如果对角色的五官有特别要求的话，也可以考虑用同样的方法拍摄不同角度的参考照片，然后在此基础上做艺术化改造。至于角色的服装、饰品、帽子、鞋子等，可以在角色动作完成后加入，并不影响动作。

对于一个动作捕捉项目来说，在舞蹈演员动作方面进行前期的准备工作是非常重要的。故事板是整个动作捕捉项目的灵魂和提纲，制作人员想要达到什么样的动作效果，除了有想法和概念外，必须同时完成动作捕捉的故事板。这样做一方面可以整理出清晰的流程，另一方面可以把自己的要求具体到画面，并量化，使负责动作捕捉采集的人员和舞蹈演员都能够明白整个过程。另外需要特别指出的是，舞蹈项目相对普通的动作捕捉，时间较长。如有必要，最好将整个过程划分为若干个片段，类似于电影制作中的分镜头。其中也涉及到舞蹈背景音乐的问题，最好是根据音乐剧情的变化来划分。另外，为每个区段命名并将这些动作按顺序列出一个详细的捕捉名称记录，也可以大大提高效率。

以《中国民族舞蹈三维数据库》中的《蒙古族：跑马步》为例，虽然是整段的舞蹈表演，但是要一次完成所有的动作捕捉也是不合实际的。因为数据最后都要进行修改，而一段很长的数据修复起来是很困难的。所以应该根据音乐和舞蹈动作分类，规划每段的时间并编好次序、号码，尤其是要考虑到音乐和舞蹈本身的连贯性不能被破坏。其中就有一段在欢快节奏下的骑马舞蹈动作，这段动作就要求必须连贯地捕捉下来。总的来说，捕捉区段的划分必须在对舞蹈和音乐熟悉的前提下来完成。

动作捕捉过程：捕捉过程，应该是从进入动作捕捉机房开始的。根据动作捕捉设备的位置，来确定演员表演动作的位置。一般在整个动作捕捉设备建设的过程中，就规划好了舞台区域，以保证各个摄像头达到最佳的工作状态，捕捉最准确的动作数据。

在正式捕捉数据之前，我们必须按照故事板的要求对捕捉动作进行练习彩排，使演员的动作尽量在摄像机的捕捉区域内。如果一段连贯的动作中演员不得不偏离捕捉区域，我们就必须对故事板进行修改，并对此段动作重新进行编排。这样做的目的就是最大限度地避免动作数据丢失或错误，提高动作数据采集的质量。

上海工程技术大学运用的是 Vicon 动作捕捉设备，整个动作捕捉机房为 5m×9m 的长方形。一共 8 个动作捕捉摄像机，400 万像素的摄像机和 200 万像素的摄像机各 4 个。整个场地的大小受到一定的限制，所以我们事前多次演练演员的走位，确保数据采集的高质量。除去设备正常的开启调试外，先让舞蹈演员穿上黑色紧身的动作捕捉服，然后给演员贴上可被捕捉摄像头识别的标识点"Marker"，根据标准的位置，贴好"Marker"。贴点的原则是身体各关节活动的关键点，主要集中在关节处。以我们的演员为例，全身上下一共有 41 个"Marker"。在完成"Marker"点后，我们就可以正式进行动作数据的捕捉。我们可以在与摄像机连接的计算机终端实时地看到动作的捕捉情况，甚至可以对一套动作进行多次捕捉，然后选择准确性最高的动作数据进行修改。

数据修正：完成演员动作的数据采集后，捕捉的动作数据并不能马上使用。因为在数据采集的过程中，"Marker"随演员运动而运动的时候，有可能将其他部分"Marker"点的信号阻挡住（我们运用的是红外摄像机）。在数据中显示的就是消失点。即时的数据缺失可以通过人为软件操作来修复，如果缺失的点太多，将给数据修复带来极大的困难。需要特别指出的是，我们运用的是 Vicon 动作捕捉系统，同时计算机终端所使用的是名为"ViconIQ"的软件。在动作捕捉设备开启后，"Marker"点就可以被捕捉到，每一个"Marker"在软件的三维坐标体系里也有相应的点与之一一对应。此时只需要软件操作人员对每个点命名，方便记忆和调节。整个动作捕捉的过程就是记录全部"Marker"运动轨迹的过程，让整个数据在三维的空间里得到描述。当整个动作捕捉过程完成后，将全部的点按照关节的顺序依次连接。再通过软件的自动运算生成关键帧，一个包含舞蹈数据的虚拟骨架基本形成。在骨骼演示动作数据的过程中，我们会发现有一部分"Marker"点对应数据消失了。这时就需要人为地对软件中的点进行连接，使这一帧的各个关节连接变得正常，我们通常说的修数据就是这个环节。前期做的许多准备工作，为的也是尽量减少此处的工作量。数据修正的好坏可以很直观地在软件中反映出来，每一个"Marker"点都对应一个项目，动作数据显示为一个颜色长条。当最终完成数据修改时，全部的项目将以单色显示。这样数据修正在动作捕捉软件中的工作就告一段落，可以导出被三维软件支持的动作数据。

数据模型的结合：动作捕捉数据和模型之间不能直接结合，需要一个软件平台作为载体将两者联系起来，这就是各种三维软件中的骨骼系统。所谓数据模型结合，指的是数据先导入三维软件，被准备好的骨骼系统识别和利用。在这之前还有一个三维动画制作中极为重要的步骤——角色模型的骨骼绑定。每种三维软件都搭配有自己的骨骼系统，有的还准备了优秀的骨骼插件。以我们民族舞蹈的制作为例，运用 3DS Max 软件，建立两足动物骨骼。

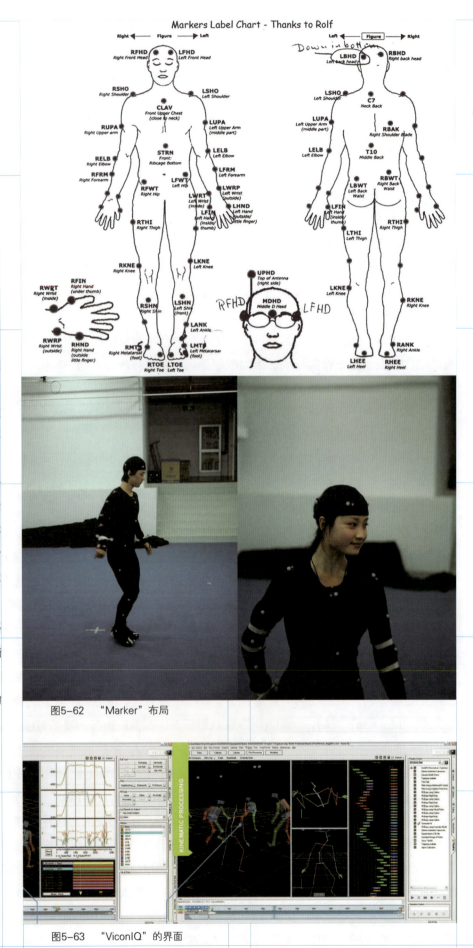

图5-62 "Marker" 布局

图5-63 "ViconIQ" 的界面

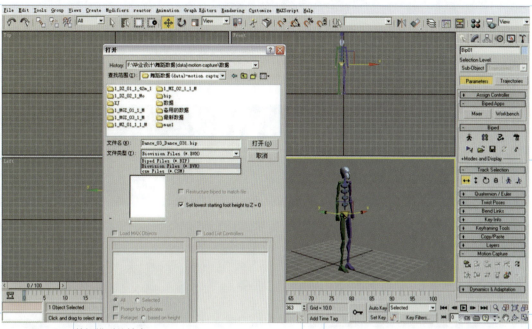

图5-64   数据模型的结合

我们所要做的工作就是匹配骨骼（biped）与模型的比例，使骨骼嵌入模型。然后调节各块骨骼的影响范围，软件上的名称叫权重。我们用软件所建立的人物模型不可能完全符合真人的比例，而且每个人的骨骼都有独一无二的特性。按照生理的基本特性，我们必须人为地调整骨骼对模型的合理控制区域。例如，大腿的骨骼不可能控制身体甚至头部的模型。在骨骼绑定后，这样的情况有可能出现，需要我们手动调节。这部分的工作量很大，尤其是舞蹈动作，含有较大幅度的运动动作，对骨骼绑定的要求也较高。我们大约花费了一周的时间进行骨骼权重的调节。骨骼绑定之后，整个模型也受到骨骼的控制，当动作捕捉数据导入骨骼系统之后，就能够很直观地看到模型的动作。简单地说就是数据带动骨骼，骨骼带动模型运动。

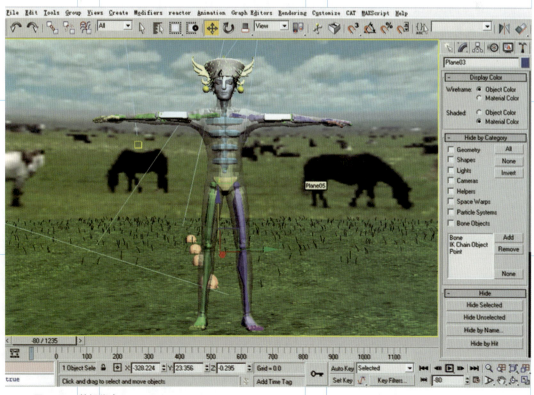

图5-65   数据绑定

以民族舞蹈为例，模型在发生小幅度的动作的时候能够保持较好的形态，而一旦做高抬腿或者是扬手动作，肩膀和大腿部分的模型就发生扭曲。这时候必须再次调节骨骼的权重，消除这些错误。经过反复修改后，一个虚拟的角色舞蹈渐渐呈现，我们完成了角色动作最为关键的动作部分。此后是对角色着装（运用布料系统），完成各个饰品的建模，最终渲染出动画。

图5-66 数据绑定后的角色动作

【本章小节】

本章详细介绍了使用 3DS Max 软件进行骨骼绑定的过程：CAT 插件的骨骼设置；Skin 蒙皮；CAT 插件基础动画设置；最后，结合当前技术发展的特点，介绍了动作捕捉技术的特点。

【练习题】

1.完成上一章动画故事中的骨骼绑定和运动设置。

三维数字动画的渲染与后期制作

本章介绍三维软件的渲染
部分（以 3DS Max 软件为例），
并介绍三维数字动画后期合成
制作中的操作步骤，使学生能
掌握制作要领。

6.1 渲染篇

6.1.1 概述

怎样做出一副精美的 CG 作品，大家的想法各不相同。但在这里，给同学们先确立一个概念："CG 作品的画面效果只由渲染最终得到的效果决定"是完全错误的。后期合成在电影和 CG 动画中的重要性越来越凸显，随着对行业了解的深入，会渐渐发觉，其实在高端的渲染业界，只有很少的公司是一次渲染成型然后直接输出动画影片的。当然，这样的影片还是需要适当的调色，如大名鼎鼎的 Pixal 生产的动画。如果在艺术造诣和技术上还没有达到这样的高度，建议先了解一下渲染。渲染其实是一个综合性的工程，它不是一个独立的领域，需要了解很多相关的表现手法。

本书先不谈关于美术、摄影领域的学习对 CG 作品的帮助，仅从技术层面谈谈在做渲染时需要注意的重点。本章会从渲染器、灯光、材质、环境、后期五个方面简单地介绍渲染的制作流程和在使用渲染器时的关键步骤，如果想得到一幅令人满意的 CG 作品，这些必不可少。

学习渲染，必须从渲染的工具渲染器开始。为了追求日益提升的视觉效果，为了达到照片级的渲染效果，为了表现不同材质的质感并在渲染上尽量缩短时间，众多不同的渲染器被开发出来。如 RenderMan/Mental-ray/V-ray/Final render/Maxwell/Brazil 等。这些高端的渲染器，有些

图6-1　渲染案例

是为 3DS Max 开发的，有些是专门的第三方渲染平台在 3DS Max 上有自己的接口，有些是为其他三维软件开发被整合到 3DS Max 平台上的。这些渲染器各有自己的优势。

表6-1 渲染器介绍

	渲染器	功 能 介 绍
1	RenderMan	Pixal 公司功能非常强大的渲染器产品。它能够有效地适应各种苛刻的渲染环境，在效果上无可挑剔，在渲染速度上也比较迅速，它对一些效果的表现是其他渲染平台花费大量渲染时间才能够达到的。也有和 Max 的软件接口，但这款渲染器的各种设置比较复杂，不适合初级渲染的学习。
2	Mental-ray	推荐学习的一款渲染平台，它可以生成令人难以置信的高质量真实感图像，是一款在电影业界被广泛使用的渲染平台。原来是 Soft Tmage 的杀手锏，现在被广泛集成在各大平台上，也是不多的可以和 RenderMan 抗衡的软件平台。
3	V-ray	效果上仅次于上述两款渲染器，对于硬性物体的表现（如金属、玻璃、塑料、车漆，各种石材等）相当的独到。同时也可以模拟皮肤、液体、果酱等各种软性材质，效果和 Brazil 比较类似，但渲染速度很快，所以得到广大 CG 学习者的喜爱。
4	Final render	德国 Cebas 公司出品，效果表现上和 V-ray 类似。比较优秀的渲染器，但速度相对较慢。
5	Max well	笔者很喜欢的一款渲染器，它是完全模拟真实光照和物理相机的一款渲染平台。效果很真实，但是有一点一定要注意：如果用它做大型项目，需要首先考虑一下时间，因为它渲染的速度真的不是很快。

渲染器并不能决定画面的最终质量，更需要从多方面去思考画面的表现。使用的技术和方法，包括材质、灯光、环境，这才是给画面加分的关键。在本书中，会着重介绍 V-ray 渲染器的使用，它可以兼顾时间和效果两大因素，并模拟全局光照和各种环境和材质的表现。

6.1.2 V-ray 渲染器

V-ray 是由著名的 3DS Max 的插件提供商 Chaos group 推出的一款容量较小，但功能却十分强大的渲染器插件。V-ray 是目前最优秀的渲染插件之一，尤其在对真实效果的模拟上，V-ray 几乎可以称得上是速度最快、渲染效果极好的渲染软件精品。随着 V-ray 的不断升级和完善，该渲染器越来越多地被使用在各种动画制作领域中。

V-ray 主要用于渲染一些特殊的效果，如次表面散射、光迹追踪、焦散、全局照明等。可用于建筑设计、灯光设计、展示设计、动画渲染等多个领域。

在介绍使用这款软件时，先欣赏几幅作品（图 6-2~ 图 6-5 ）。

图6-2 微观结构

图6-3 建筑光线模拟

图6-4 大场景模拟

图6-5 室内环境

6.1.3 V-ray的渲染流程

在开始讲解渲染器操作之前，先介绍一下渲染流程。步骤如下：

（1）创建或者打开一个场景。

（2）指定 V-ray 渲染器。

（3）设置材质，或者说粗调材质。

（4）把渲染器选项卡设置成测试阶段的参数：这一步的操作是希望看到渲染的大致效果，因为会进行反复测试，所以参数设置较低。

a. 把图像采样器改为"固定模式"，把抗锯齿系数调低或者关闭（图6-6）。

b. 打开反射折射，能看到实际的效果，但是为了控制反射次数，关闭模糊反射，关闭默认灯（图6-7）。

c. 勾选 GI，将"首次反射"调整为 Irradiance map 模式（发光贴图模式）（图6-8）

d. 调整 Min rate（最小采样）和 Max rate（最大采样）的数值为 -5、-5，降低细分值（图6-9）。

（5）根据场景布置相应的灯光。

说起灯光，先要有一个认识，自然界的灯光无非以下几种：

a. 环境光，包括日夜景的天光。

b. 主光源，包括阳光，也包括一些 CG 环境中的特殊光源，起到打造场景中物体形体的作用。特别注意，夜景不一定没有主光源。

c. 辅助光源，起到点缀作用的光源。

在光源调整的过程中，根据你想得到的氛围来控制光源的明暗色调。笔者比较喜欢 V-ray 中的片灯光（Plane），它对光线和阴影的模拟更加真实（图6-10）。

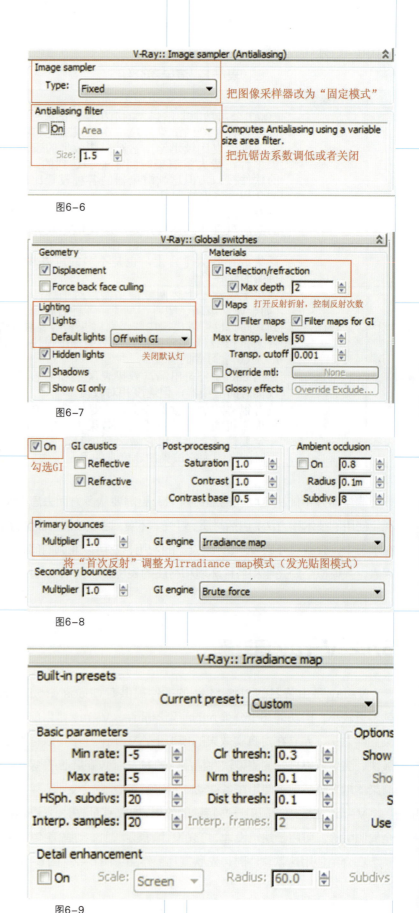

图6-6

图6-7

图6-8

图6-9

也可以通过Color mapping 控制曝光的方式来调整整体环境明暗。（图6-11）显示的是比较常用的线性曝光，Dark multiplier 控制暗部明暗，Bright multiplier 控制亮部明暗，Gamma 为伽玛值。

在做室内动画时笔者更倾向于使用 Exponential（指数曝光）或者 Reinhard 曝光方式，它会保留线性曝光的对比和指数曝光的真实性模拟（图6-11）。

（6）细调场景中的材质。在灯光调整完后，根据场景中的情况调整材质的细节，高光、反射、纹理贴图、置换贴图或者特殊材质的质感，如3S、各向异性、无光表面材质等等。这一步的调整是为了确定最终成品的效果，所以如果你的光线和环境还没有调整到位，也需要及时地作一些微调。

（7）渲染并保存光子文件。

a. 保存光子文件。

b. 调整 lrradiance map（光贴图模式），Min rate（最小采样）和 Max rate（最大采样）的数值为 -5、-1 或 -5、-2 或更高。同时把细分值调为 50 或更高，正式跑小图，保存光子文件。

一般动画只需要尝试渲染尺寸的 1/2 到 1/4 就可以了，如 1280×720 的动画，只需要渲染出 640×360 就够了。

（8）正式渲染（图6-12）。

a. 调高抗锯齿级别，注意时间的控制。

b. 设置渲染的尺寸。

c. 调用光子文件渲染出大图。

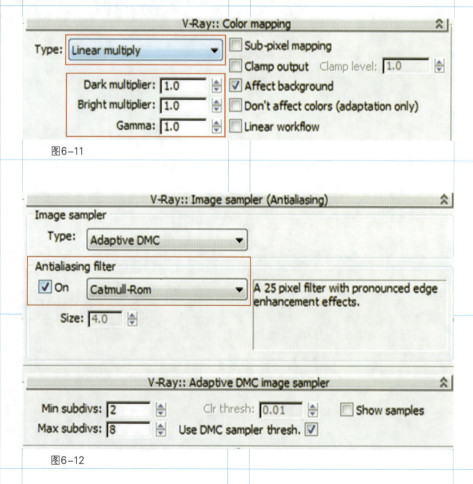

图6-10

图6-11

图6-12

6.1.4 大场景CG动画制作

图6-13 大场景渲染案例

简单介绍一下制作过程：

（1）搭建模型场景（图6-14）。

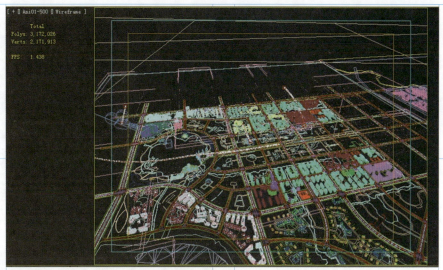

图6-14

（2）单独调整场景中的材质，在这里先介绍几个基本的V-ray材质的调整方法，我们也可以对V-ray材质的属性有所了解。

① V-ray的玻璃材质

先观察生活中的玻璃，玻璃有很多不同的样子，但总的来说可以分成透明玻璃和磨砂玻璃（图6-15）。

透明玻璃有其固有色、反射、折射、焦散等特点（图6-16）。

图6-15

图6-16

固有色是玻璃所含的色彩，不同的玻璃颜色也不同，但是通常情况下清玻璃会以蓝色为玻璃固有色，不宜太亮。反射，适当赋予一些就可以了，也可以根据场景的不同赋予一些菲涅尔反射。如果要一些高光，那就添加点参数使高光模糊一些，数字越小，高光范围越大，这里我们设置的为 0.48。

折射，其实就是透明。选择的色彩越亮，折射越强烈，也就是越透明。IOR 为折射率，数值取 1.001（几乎没有折射变形）。这里有一点要说明：Affect Shadows 和 Affect Channels 按图 6-17 进行调整会对分图层渲染带来很大的方便。

图6-17

② V-ray 的金属材质

对于材质的调节，关键在于对生活的观察，生活中的金属是什么样子的，我们先看一些图片。

金属是没有折射的，如图 6-18 所示，不同的金属有不同的反射参数：如铝的反射要比不锈钢弱。但是，这里不建议大家去背这些参数。记住一点：金属效果的表现决定性因素是周围的环境。因为金属反射性比较强，环境对金属表面的材质表现影响很大。同时，还需要根据画面的表现效果，来赋予不同的金属表现。单以不锈钢而言，如磨砂、拉丝、锈蚀、高反等，效果是否真实，源于我们对生活的观察。

图6-18

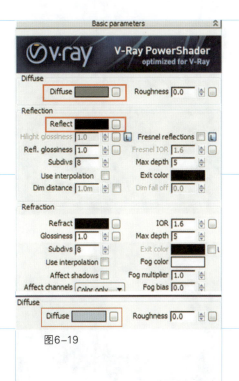

图6-19

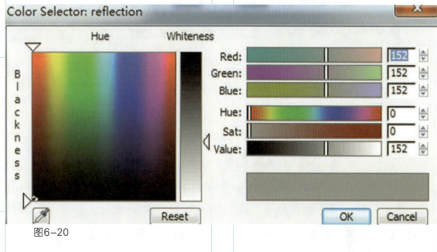

图6-20

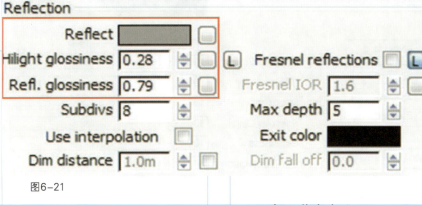

图6-21

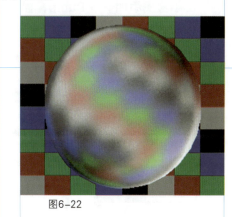

图6-22

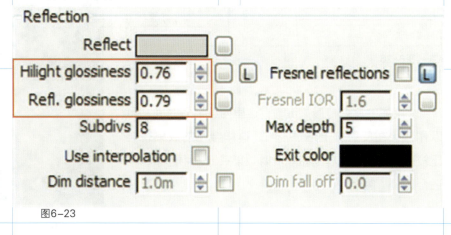

图6-23

介绍一个不锈钢金属材质的调节方法，先设置一个 V-ray 材质球。

a. 调整固有色为金属色（图 6-19）。

b. 调整反射，一般场景不同，反射也不同，根据具体的环境和画面的主体进行调整（图 6-20）。

c. 赋予一些模糊反射（Refl.glossiness），增加一些金属表面磨砂的质感，数字越小反射效果越模糊（图 6-21）。

d. 加一些高光（Hilight glossiness），数值越大，高光范围越小。在这里我们给的范围比较大，强度相对比较弱（图 6-22）。

当然如果是高反射的不锈钢，高光（Hilight glossiness）可以强烈一些（图 6-23）。

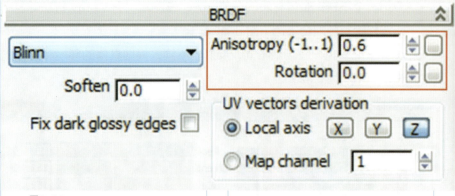

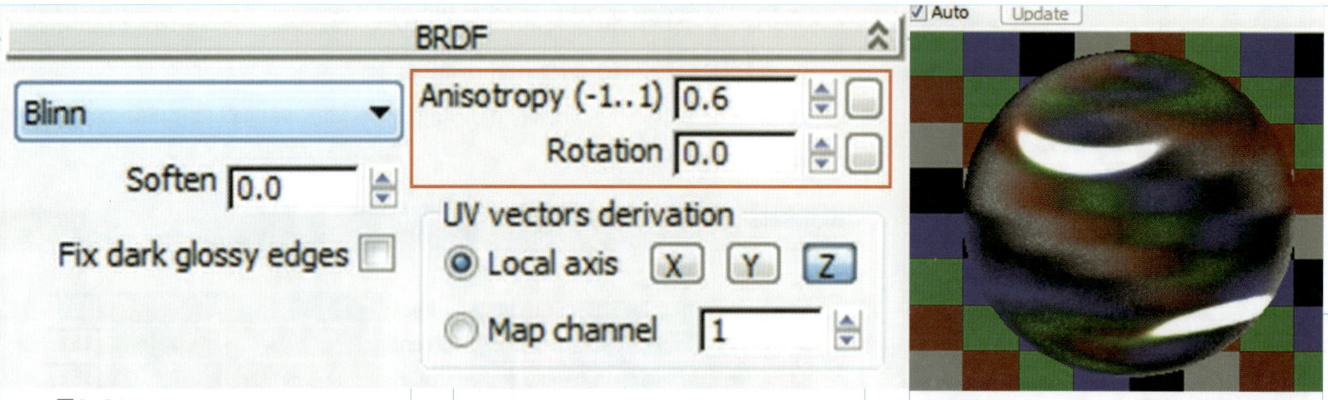

图6-24

e.添加一些 Anisotropy（各向异性），设置高光的各向异性特性。金属表面会有一些各项异性的表现（图6-24）。

f.Hilight glossiness 和 Refl. glossiness 选项会很大程度上影响渲染的速度，对于百万面甚至千万面级别的场景，会导致无法渲染。所以在这里还会教大家一种适合大场景的金属材质设定（图6-25）。

g.使用默认材质球，设置为金属材质，按了（图6-26）添加固有色，设置高光亮度和范围。

h.给金属添加一些 Bump，显得不是很平整，但要很弱，这里给的数值是 10（图6-27）。

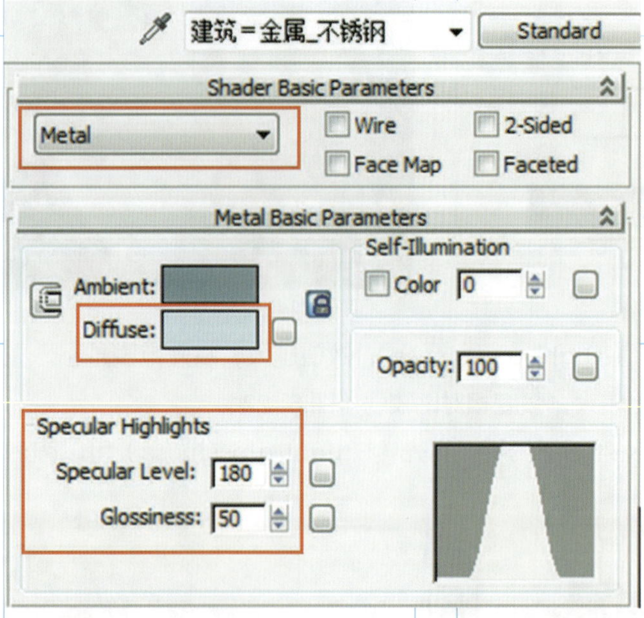

图6-25

图6-26

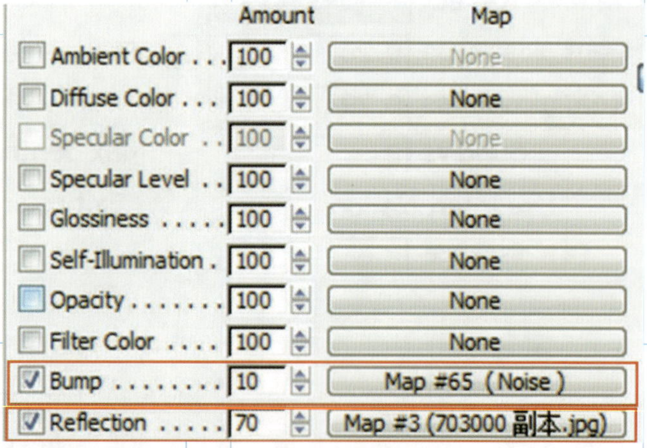

图6-27

i.金属的反射是最关键的，这里为了节省时间，可以作假，在反射层上贴一张图。这样金属的效果也会比较真实，但是这样的金属反射效果只适合中远景，不适合近景（图6-28）。

图6-28

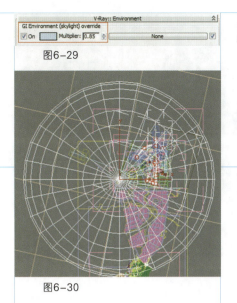

图6-29

图6-30

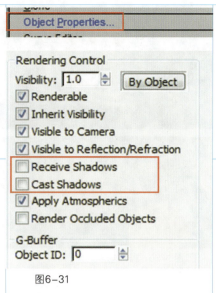

图6-31

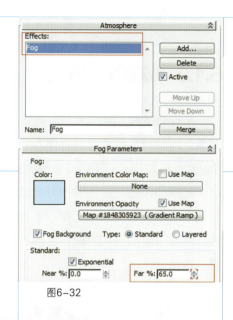

图6-32

（3）场景的环境设置。

①打开 V-ray 渲染器的环境，添加一个环境光和亮度值（图6-29）。

②设置场景天光，用一个合适的环境球（图6-30）。

③在右键属性菜单中，关闭产生阴影和接受阴影（图6-31）。

④开一些远景雾效，这样会更真实；雾效可以根据场景的变化作一些动画设置（图6-32）。

⑤设置场景的光源。白天的场景往往只需要一个主光源就能完成，但夜景的话，建议在室内多布一些光源，这样画面会很丰富（图6-33）。

⑥根据之前渲染流程中的介绍调节参数，最终渲染成品（图6-34）。

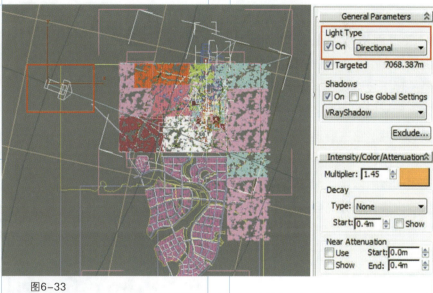

图6-33

图6-34

6.1.5 微观CG场景制作

制作好的微观动画会涉及很多因素。本教材之前章节提过作为一个好的 CG 制作人，不但要了解 3D 软件的操作技巧，还需要拥有合成调色的能力。至少要知道哪些效果通过合成来解决更加方便，更加省时，效果更好。

微观是动画有很多特殊的材质和场景的调节方法，这里着重介绍一下 3S 材质。3S 材质，又称次表面散射，是 Sub-surface Scattering（次表面分散）的缩写，是一种比较特殊的高级材质。在学习这种材质前，先了解一下这种材质的特性。它主要是用来模仿在真实世界中，光线照入到物体内部所产生的散射效果。而这些散射所产生的光线，部分又会从物体内部再发射到环境中。关于应用 3S 材质的物体特性，一般都会有半透明的质感，例如玉石、牛奶、蜡烛、皮肤等。

图6-35　微观场景效果

图6-36　3S材质效果

如何表现 3S 的质感，这里通过 V-ray 渲染器来简单介绍一下。

除了常规的物体属性：反射、漫反射、高光、折射以外，3S 材质中还能看到几个特性：第一，物体内部所产生的散射效果。简单点说就是一种模糊的半透明质感，从这种材质中可以体会到颜色在物体内部的感觉。如果在物体背面打一盏灯光，光线会从物体的背面透出来。第二，物体的背面色彩。也就是透过物体能看到的一些颜色，在物体比较薄的地方，我们能够透过物体看到背面比较模糊的颜色。3S 材质渲染操作步骤如下：

（1）打开场景模型（图 6-38）。

V-ray 有一个官方的 3S 材质，供大家使用。

图6-37　3S材质渲染效果

⚫ VRayFastSSS

笔者觉得该材质可控性不强，缺少了材质的一些原有属性，并不是很喜欢使用（图 6-39）。

图6-38

VRayFastSSS Parameters	
prepass rate...	-1
interpolation samples................................	128
diffuse roughness.....................................	0.25
shallow radius...	0.5cm
shallow color..	
deep radius..	1.0cm
deep color...	
backscatter depth.....................................	0.0cm
back radius..	1.0cm
back color...	
☑ shallow texmap.... 100.0	None
☑ deep texmap....... 100.0	None
☑ back texmap....... 100.0	None

图6-39

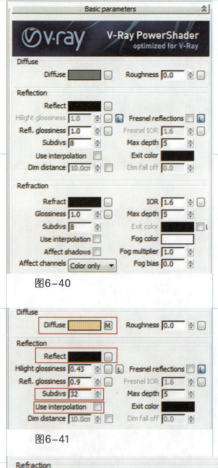

图6-40

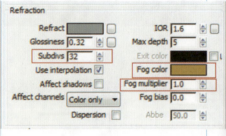

图6-41

（2）这里推荐使用一种简单方便，而且有更多可调节参数的方法来制作3S材质。

首先设置一个V-ray基本材质（图6-40）。

（3）设置物体的固有色、反射色，为了使材质颜色更多变，在漫反射里添加了一些渐变色。同时，如果对渲染的效果要求较高，不希望出现大面积的噪点的话，建议使用高细分值。这里笔者给了32，这点很重要（图6-41）。

（4）接下来介绍折射的参数，Refract折射（透明度），Glossiness折射模糊。这些之前都已介绍过了，细分值升高。使用Use interpolation（使用插值）：柔化粗糙的反射效果，使渲染出来的效果更柔和，同时要避免过高细分值带来的无法忍受的渲染速度（图6-42）。

Fog color就是所希望看到的物体内部的色彩，这里使用的是一个黄偏红的颜色。同时Fog multiplier会直接影响物体的透光程度，数值越高越不透光。换言之,物体受其内部颜色(Fog color)的影响就越小(图6-43)。

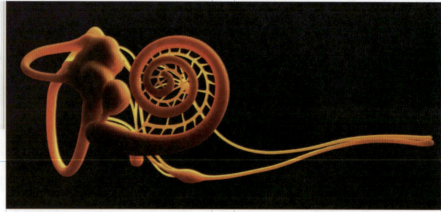

图6-42

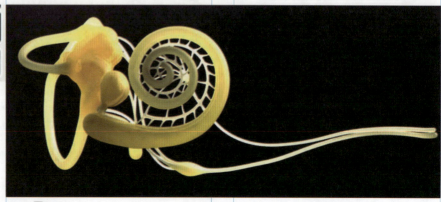

图6-43

（5）接着也是表现 3S 材质的关键，就是在 Translucency 里进行参数设置：

a. 在 Type 里选择 Hard model（硬质感模式），Back-side color（背部颜色）来控制次表面散射的颜色；Thickness（厚度）用来控制光线在物体内部被追踪的深度。

b.Scatter coeff（散射系数）：物体内部的散射总量，0.0 表示光线在所有方向被物体内部散射；1.0 表示光线在一个方向被物体内部散射，而不考虑物体内部的曲面。

c.Fwd/bck coeff（前后系数）：控制光线在物体内部的散射方向，0.0 表示光线沿着灯光发射的方向向前散射；1.0 表示光线沿着灯光发射的方向向后散射；而 0.5 表示这两种情况各占一半。

d.Light multiplier（光线穿透能力倍增值）：光线穿透能力倍增值数值越大，散射效果越强（图6-44）。

（6）最后在场景中添加一个自发光材质，表现轮廓结构（图6-45）。

（7）渲染效果（图6-46）。

（8）调色，可以使用 Nuke，AE 等调色软件（图6-47）。

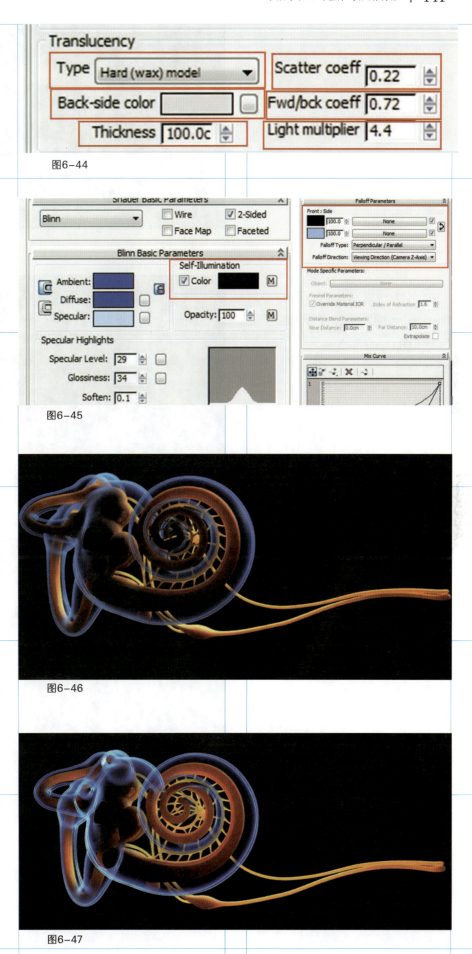

图6-44

图6-45

图6-46

图6-47

（9）选择一个背景场景添加（图6-48）。

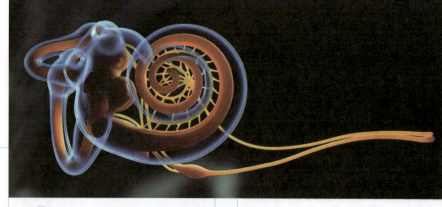

图6-48

（10） 使 用 AE Trapcode Particular 插件添加漂浮的粒子的效果（图6-49）。

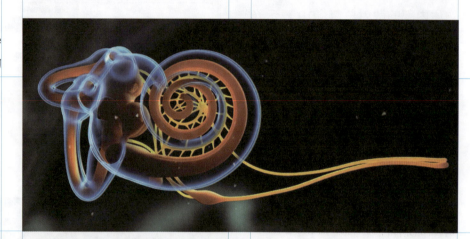

图6-49

（11）使用 AE Optical Flares 插件添加光效，光效可以使用 AE 相机追踪，这样效果更真实（图6-50）。

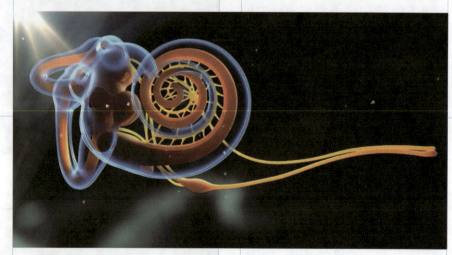

图6-50

6.2 后期合成篇

　　传统的动画电影是通过对定格拍摄的底片进行裁剪、粘贴，这种剪接手法可以自由地从样片中选取自己需要的镜头进行裁剪并插入另一个镜头中，也可以剪掉自己不需要的镜头。虽然这种方式不需要按照从头至尾的顺序进行"非线性"的剪辑，但是剪辑师不能在两个镜头间做融合，色彩和画面的调整也只能通过冲印过程中的一些技术手段才能完成。早期的影视特效也大多是在模型制作结合特技摄影、光学合成等前期拍摄阶段和洗印过程中完成。

　　从 20 世纪 80 年代开始，数字非线性编辑开始逐步取代传统的胶片处理方式。当影视编辑处理进入数字化时代之后，基于计算机的数字非线性编辑技术，除了大大提高了工作效率外，随着软件和硬件的发展还不断创作出各种复杂的特技效果。

　　本书主要介绍数字动画后期制作中的剪辑和一些特效镜头的合成与制作。

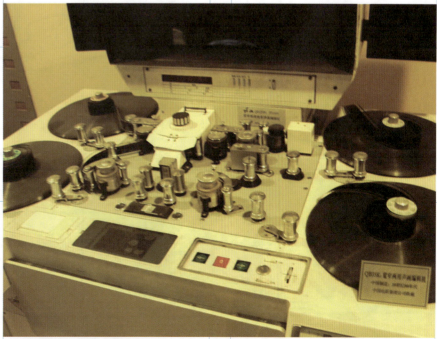

图6-51　传统剪辑

6.2.1 数字动画镜头剪辑与合成

（1）镜头剪辑与蒙太奇

剪辑从字面上看是指剪切和编辑，当然在数字时代，已经不存在物理上的"剪断和接上"，但是我们目前使用的软件大多还有对换这样的视觉操作形式。剪辑从概念上来说是指用于图像的组合手段，它将模拟或想象的空间关系以一般人可以接受的方式组合，以达到叙事、抒情以及表现的目的。动画剪辑主要是按照前期设定的分镜头脚本和视听语言的原则有机地解构组合动画素材，并按照脚本的顺序剪接制作出完整的影片的过程。由于动画电影昂贵的镜头制作成本使得导演不可能将自己的想法以各种不同的角度拍摄，即便是现在的数字动画制作，高质量的画面输出也要花费大量的时间，不可能在剪辑上进行大量的测试。因此，动画分镜头设计师或者动画导演本身就应具备一名合格剪辑师的素质。

镜头的运用对画面有直接的影响，除了技术方面的区别外主要有景别、焦距、运动、角度的不同。

景别是指由镜头和被摄物体距离的远近不同而形成的视野大小的区别。景别主要分为远景、全景、中景、近景、

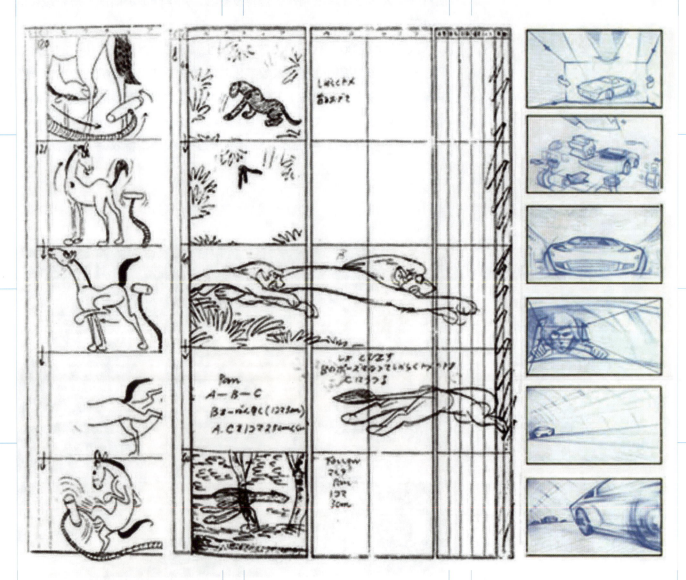

图6-52　动画分镜头案例

特写。不同的景别使画面具有不同的叙事和表现功能并
产生不同的视觉效果。远景是指通过远距离的拍摄来
介绍环境、渲染气氛、展现宏观场面，让观众了解故
事的空间状态，但是对细节的关注度很低。全景是指
在特定环境中被拍摄的主体及环境所构成的画面。主
要是用来展示一个特定的叙事空间，整体和局部都在
画面中存在，用来表现被拍摄目标和特定环境之间的
关系，可以让人产生对被拍摄主体和环境的完整认识。
中景是指由被拍摄物体的主要部分构成的画面，被拍摄
的主体成为画面构图的中心，环境只是作为背景，主
要表现在特定环境中被拍摄主体的状态，让观众的注
意力集中于被拍摄的主体。近景是指被拍摄主体的局
部所构成的画面，环境基本被忽略，将观众的注意力
集中于这个局部，可以表现这个被拍摄主体的细节变
化，一般在影视作品中的对话镜头较多地使用该景别。
特写是指被拍摄主体的不完整局部构成的画面，例如面
部的表情、眼睛、嘴巴和手指的细微表现等等。这种景
别用放大和夸张的方式突出特定的细节表现，往往创造
出强烈的视觉效果。景别的变化对影视作品的节奏、风
格和视觉效果产生直接的影响。

在影视作品中不同景别的使用，需要不同的焦距
来配合。虽然在数字动画中，镜头的焦距效果是虚拟
出来的，但是多数动画制作软件中虚拟相机的设定也
是按照真实摄像机拍摄时的焦距效果来设置的。光通
过透镜后会聚合成一个点，这个点被称作焦点，从焦
点到透镜中心的距离被称为焦距。焦距的长短直接决
定了镜头的视野、景深和透视关系，使被拍摄的图像
产生不同的视觉效果。人们通常根据镜头的焦段将其
分为广角镜头、标准镜头和长焦镜头。标准镜头一般
是指焦距 40 ~ 50mm 的镜头，接近于肉眼感觉和视野；
广角则是焦距小于40mm 的镜头，视野比标准镜头大，
有达到180° 的视野范围。会有明显的变形，景深会增
大，前景和后景的体积对比明显，造成深远的纵深感，
宏大的战争场面常使用这个焦段拍摄；长焦镜头是指焦
距大于50mm 的镜头，这种镜头的视觉感受更接近望
远镜，可以将远距离的被拍摄对象拉近，但是视野比较
小，纵深被压缩，景深变小。焦距的变化可以造成画
面的纵深感、被摄物的体积感以及运动速度感的变化，
通过景深的变换也能造成一种虚实对比的效果。焦距

图6-53　大特写　功夫熊猫2

图6-54　近景　功夫熊猫2

图6-55 中景 功夫熊猫2

图6-56 全景 功夫熊猫2

图6-57 远景 功夫熊猫2

的使用对影像造型、气氛营造、人物思想和感情的刻画起着关键作用。

动画中的镜头动作和角度也非常重要。无论是早期的动画制作还是现在的数字化剪辑，所谓的镜头动作都是通过画面的相对移动和变化得到的，因为取景框的位置都是相对固定的。

镜头的动作包括镜头的推拉、摇动、移动、晃动等技巧。

镜头的推拉分为两种：一种是通过摄像机的前后移动来贴近或者远离被摄物体，在画面中的效果是场景的大小有变化；另一种是通过镜头的焦距变化来实现镜头的推拉，在画面中的效果是被摄物体的相对位置不变，场景无变化，只是原来的画面被放大的感觉。由此可见摄像机的移动和利用焦距变化的推拉效果是明显不同的。

摇动镜头主要用于场景的展示，是指摄像机位置不动，拍摄角度和被拍摄物体的角度在变化，摇镜头的速度变化可以改变时间和空间给观看者的感觉，镜头的急速摇转还可以用来强调空间的转换。强调同一时间内不同空间的不同状态。

　　镜头的移动一般是指拍摄的角度不变，摄像机本身的位置移动。在动画中如果被拍摄的物体处于动态，摄像机伴随其移动，就能产生跟随的效果。当然跟随镜头也可以同时使用推拉、摇移等多种技巧来交代物体的运动方向、速度与环境的关系等。当被拍摄物处于静态时，相机的移动可以使景物依次经过画面，产生巡视的感觉。对场景的移动拍摄，往往是通过多视点的表现方法来实现，能增强空间深度和广度。镜头的旋转和晃动则多是用来烘托情绪或者渲染气氛。

图6-58　镜头的升降

图6-59　镜头的跟随、推远、拉摇的效果

摄像机镜头与被拍摄物体水平之间形成的夹角被称为镜头角度，主要分平视、俯视和仰视。平视接近于常人视角，不产生任何刻意的视觉效果；俯视指镜头高于水平角度，简单来说是从上向下的拍摄，给人一种居高临下的感觉，用来展示比较开阔的场面和空间环境，同时使被拍摄物呈现一种被压迫感；仰视则完全相反，指镜头低于水平角度，从下向上的拍摄，使被拍摄物的体积被夸大，让人产生压抑感或崇拜感，用来模仿儿童或拍摄英雄人物时创造一种崇高或悲壮的效果。

动画的剪辑主要是对动画分镜头组接和转换，镜头的组接要符合逻辑，不论是生活逻辑还是思维逻辑，不符合就会让人看不懂。例如：在镜头组接时最基本的叙述方式有远景、全景向近景、特写过度，或者相反。但是要注意的是其中相同景别和机位制作出来的影片会让人有重复感；或者背景稍有差异就会让人产生跳动感或者错位感，破坏画面的连续性。在被拍摄主体出入画面时，还应注意拍摄的总方向和画面的运动方向。如果画面中的物体动作是连贯的，那也要考虑用"动接动"或"静接静"的方法保证画面的连贯性。画面色调的统一也需要注意，如果一个连续镜头中将两个明暗或者色彩对比强烈的镜头强接在一起会让人觉得生硬，不连贯。组接镜头时还应注意镜头切换的节奏，镜头切换的快慢要符合画面视觉的需求。镜头的组接方法是多种多样的，没有具体的规定和限制，根据情节和画面内容需要来创造。

图6-60　镜头角度

现在也有多种新组接方式，例如多屏幕多画面的表现，但是对于影视动画（例如 MTV、广告宣传等只追求视觉冲击的动画作品除外）的后期编辑还是应该满足故事叙述和符合逻辑的实际需要。

蒙太奇（montage）在法语中是"剪接"的意思，原为建筑学术语，意为构成、装配，到了俄国被引申成一种电影中镜头组合的理论。凭借蒙太奇的运用，电影拥有时空的极大自由，甚至可以构成与实际生活中的时间空间并不一致的电影时间和电影空间。蒙太奇可以产生演员动作和摄影机动作之外的第三种动作，从而影响影片的节奏。

苏联导演库里肖夫、爱森斯坦和普多夫金等相继探讨并总结了蒙太奇的规律与理论，形成了蒙太奇学派，他们的有关著作对电影创作产生了深远的影响。蒙太奇原指影像与影像之间关系的处理方式，有声影片和彩色影片出现之后，在影像与声音（人声、音响、音乐），声音与声音，彩色与彩色，光影与光影之间，蒙太奇的运用又有了更加广阔的天地。蒙太奇的名目众多，迄今尚无明确的文法规范和分类，但电影界一般倾向于将其分为叙事的、抒情的和理性的（包括象征的、对比的和隐喻的）三类。

简单来说，蒙太奇就是根据影片所要表达的内容和观众的心理顺序，将一部影片分别拍摄成许多镜头，然后再按照原定的构思把分切的镜头组接起来的手段。由此可知，蒙太奇就是将摄影机拍摄下来的镜头，按照生活逻辑、推理顺序、作者的观点倾向及美学原则联结起来的手段。首先使用摄影机的手段，然后使用剪辑的手段。当然，影视作品中的蒙太奇，主要是通过导演、摄影师和剪辑师的再创造来实现的。编剧为未来的视觉作品设计蓝图，导演在这个蓝图的基础上运用蒙太奇进行再创造，最后由摄影师运用影片的造型表现力具体体现出来。

电影的制作中，导演按照剧本或影片的主题思想，分别拍成许多镜头。然后再按原定的创作构思，把这些不同的镜头有机地、艺术地组织、剪辑在一起，使之产生连贯、对比、联想、衬托、悬念等联系以及快慢不同的节奏，从而有选择地组成一部反映一定的社会生活和思想感情、为广大观众所理解和喜爱的影片。这些构成形式与构成方式根据镜头组接的表现方式可以分为表现蒙太奇和叙事蒙太奇，其中又可细分为心理蒙太奇、抒情蒙太奇、平行蒙太奇、交叉蒙太奇、重复蒙太奇等。

电影的基本元素是镜头，而连接镜头的主要方式、手段是蒙太奇。可以说，蒙太奇是电影艺术独特的表现手段。从镜头的摄制开始，就已经在使用蒙太奇手法了。就以镜头来说，从不同的角度用不同焦段拍摄，自然有不同的艺术效果。经过不同处理后的镜头，也会产生不同的艺术效果。加之由于空格、缩格、升格等手法的运用，还带来种种不同的特定的艺术效果。通过拍摄时所用的时间不同，又产生了长镜头和短镜头，镜头的长短也会造成不同的效果。在连接镜头场面和段落时，根据不同的变化幅度、不同的节奏和不同的情绪需要，可以选择使用不同的联接方法，例如淡、化、划、切、圈、掐、推、拉等。总而言之，拍摄什么样的镜头，将什么样的镜头排列在一起，用什么样的方法连接排列在一起的镜头，影片摄制者解决这一系列问题的方法和手段，就是蒙太奇。

（2）数字动画合成

数字动画合成是指通过计算机的各种操作，将两个以上的动画素材合并为一个单独的图像。在这个制作过程中需要满足观众主观视觉感官上的"真实感"。这里除了需要将艺术表现力和合成的技术手段相结合，还需要合成师对画面的"真实度"有极高的敏感把握。拿单帧的图像举例，很多人在使用 Photoshop 合成图片时，往往会让人有"假"的感觉，那是因为在空间、光影、质感、色调等方面没有在艺术角度上处理好。动态影像同样的道理，因为是由单个影像的序列组成，所以合成时就要小心处理每一个镜头和其相关镜头之间的空间、光影、质感、色调甚至造型运动等方面的关系。

数字合成中最基本的有调色、移动、旋转、缩放、镜像等。其中在初期的制作过程中调校颜色是最为基础和重要的，这个操作可以保证镜头的连贯和统一。"移动、旋转、缩放"功能在初期是模拟前期摄像机的移动、变焦等动作，动画中场景的镜头移动拍摄表现多是用"移动"功能来实现，因为后期对其速度的控制和调整比前期要更为方便。现在由于数字软件平台的开放，很多软件公司会为一些主流的后期编辑软件制作一些滤镜插件，就像 Photoshop 中的滤镜一样，对画面的像素按要求进行计算和处理。现在的滤镜种类繁多，用途也十分广泛。除了滤镜外，粒子系统的发展也非常迅速。通过软件控制一些微粒的运动、形状、颜色，可以制作很多有趣的视觉效果，例如光效、烟雾、雨雪、火焰等。二维的粒子系统虽然没有 3D 软件中的粒子系统强大，但是针对一些特定的效果开发的粒子系统还是有生成时间短、操作简单等优点的，可以替代一些 3D 的粒子效果。

说到现在的数字后期合成就不得不提通道的处理，我们常把通道提取（Matte Extraction）的主要用途称为抠像。蓝屏技术是提取通道的主要手段，它是利用被拍摄物和背景的色度区别（Chroma Keying），把单色背景去除掉。数字后期合成软件让用户选定一个颜色范围，如果将这个范围内的像素作为背景，那么相应的 Alpha 通道值设为 0，这个范围外的像素作为前景，相应的 Alpha 通道值设为 1。专业的抠像软件还能设定过度颜色的范围，其 Alpha 通道设为 0 到 1 之间，这种半透明的像素区域在前景的边缘，可防止前后景过渡时显得生硬。因此，首要原则是前景物体上不能包含所选用的背景颜色。从原理上讲，只要背景所用的颜色在前景中不存在，任何颜色都可以做背景。目前主流的背景色用的是蓝色和绿色，主要是由于人体的自然色中不包含这两种颜色，蓝色和绿色也是 RGB 颜色系统中的原色，便于数据处理。在拍摄时要注意背景颜色的色相和明度必须一致，光照均匀，避免色差和背景色的反光。面对复杂的工作环境，例如烟雾、头发、玻璃等半透明或者细小的物体，我们可以通过一些专门针对抠像而设计的工具，例如 Ultimatte / Primatte，或者 Inferno/Flame 等软件的模块化抠像来提高工作效率。除了利用色差外，人们也常利用亮度的区别（Luminance Keying）来抠像，一般用于非常明亮的前景被摄物体，或者光源只照亮前景物体，产生全黑的背景，在拍摄飞溅的玻璃、爆炸、烟雾时会使用这种方法。当然在数字动画制作时进行分层处理，输出的文件已经保留 Alpha 通道也可以达到同样的效果。

　　后期合成中除了对画面进行分层处理外，合成的元素最好是符合同一个镜头视觉效果的，不然就会缺乏真实感。早期都是使用固定机位和镜头，电影特效先驱乔治·卢卡斯在 20 世纪 70 年代就开始设计研制一种机械系统用于记录摄像机的运动方式，然后结合计算机控制 3D 软件中的虚拟摄像机模拟该运动轨迹。由于该系统造价昂贵、使用复杂并没有得到普及。现在的一些数字后期软件可以完成一部分该系统的功能。从操作原理来说，选择画面上的一个特征区域（或者是一个标记点），由计算机分析一段影像中该区域（或点）的位置变化，得到一套位移数据，一般要求该特征区没有明显的颜色形状变化。软件还会给一个搜索区域，用于前后帧上对特征区的搜索比对，所以搜索区的大小也决定了最后识别的质量。我们可以将这个分析得出的位移数据赋予另一个画面，得到两个或多个画面的同步率，这种方法称为一点跟踪。但是摄像机的使用变化是多样的，镜头的推拉、转动以及焦距的变化都会让画面的透视发生改变。这时就需要使用"两点跟踪"，在画面上设置两个特征区，软件通过两点间的距离和角度变化计算缩放和旋转。面对更复杂的摄像机运动可以设置四点跟踪或者多点跟踪，通过大量的跟踪点对镜头的运动数据进行分析运算。二维软件要完全重现摄像机的复杂运动是不可能，在 3D 软件中虚拟摄像机的轨迹识别可以更好地进行合成。抠像和摄像机跟踪技术组合可以构建很多虚拟的场景或角色。

图6-61　蓝屏技术

6.2.2 数字动画后期基础知识

（1）数字影像原理

过去的传统动画都是由摄像机定格拍摄，然后对拍摄好的胶片进行处理。数字动画影像，和胶片时代一样是由连续的单张图片组成，不同的是这些图片是由计算机数字信息组成的。在计算机中，图像的构成单位称为像素（pixel），每一个像素都有其颜色的表示数值。单张图片上的像素多少，决定了画面的分辨率，是数字影像质量好坏的重要参考依据，分辨率越高（单位尺寸内像素点越多），画面质量就越好，但是该图片信息所占用的数据量就越大，处理时所需的计算量也就越大。在影片制作时常看到的分辨率有：

表6-2　常用影像分辨率

类型	分辨率	未压缩单张图片大小
网络视讯	240*180 像素	120KB
VCD	352*288 像素	240KB
PAL&NTSC DVD	720（768）*576 像素	1.2MB
EDTV	1280*720 像素	2.5MB
HDTV	1920*1280 像素	6.5MB
35mm 电影影片	2048*1536 像素	9MB
75mm 电影影片	4048*3072 像素	36MB

当把图像划分为一个一个像素后，颜色也需要通过数值来识别。根据光学色彩原理可以将颜色分为红（R）绿（G）蓝（B）三种基本色，也叫做三原色，其他颜色均由这三种颜色混合而来。由于计算机是二进制算法，颜色的强度就用 2 的 8 次方来表示，每种原色都用 8 次方的二进制来记录，每个像素就需要 24 位，这样的色值就被称为 24Bit。由于每种颜色有 256 级强度，因此可以表示的颜色有 2 的 24 次方就是 16777216 种。但由于计算机运算的结果经常需要取得整数的近似值，这样会导致色彩层次的损失，所以有的时候就会采取更大色彩深度，例如 32 位、48 位甚至 64 位。

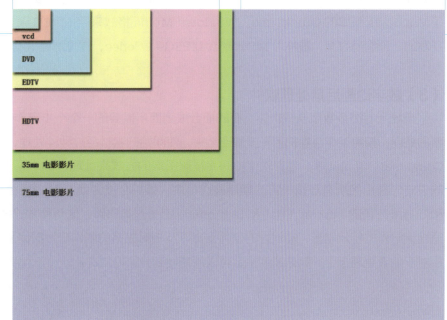

图6-62　不同影像的容量大小对比

（2）数字视频格式

在制作数字动画的时候，往往会对要编辑影像的格式进行设置，这就需要了解一些关于视频格式的知识。过去的电视机是通过对红绿蓝三路信号进行光电转化和分光系统的处理进行显像。在电视信号传递的过程中，需要采取特殊的方式将红绿蓝信号进行编码，再通过接收端（电视）进行解码。编码和解码的方式不同决定了电视的制式不同，主要有 NTSC、PAL 和 SECAM。NTSC 于 1952 年研制成，起用于美国，采用美国全国电视委员会缩写（National Television System Committee），帧频为 29.97 帧 / 秒，目前主要有美国、日本、韩国、加拿大在使用该制式。PAL 是逐行倒相的缩写（Phase Alternation Line），是于 1962 年由一些欧洲国家制定的彩色电视广播标准，其帧频为 25 帧 / 秒，德国、英国、中国、澳大利亚、新加坡等国家采用该制式；SECAM 是 1956 年法国提出，1966 年制定的彩色电视模式，是法文"顺序传送彩色和储存"的缩写，其帧频为 25 帧 / 秒，法国等一些东欧国家和非洲国家采用该制式。

数字压缩技术很好地解决了视频信号数字化后频带加宽、数据量太大导致无法传输的问题。因此数字压缩编码是数字信号实用化的关键技术之一。编码的压缩率有很多种，在播放数字视频时，常会被要求下载新的解码器才能播放视频文件，AVI、MOV、MEPG、RM、Windows Media 等是比较常见的数字音频格式。

AVI 是音频视频交错的英文缩写（Audio Video Interleaved），1992 年初由微软公司推出。由于 AVI 本身的开放性获得了众多编码技术开发商的支持，更多的编码使得 AVI 不断完善，现在几乎所有的非线性编辑系统都支持 AVI 格式。MEPG 是运动图像专家组（Motion Picture Experts Group）的英文缩写。MEPG-1 制定于 1991 年，是针对 1.5Mbps 以下的数据传输率的数字存储媒质运动图像及其伴音编码的国际标准，该格式被广泛的应用在 VCD 制作和一些视频片段下载的网络应用上面；MEPG-2 应用在 DVD 制作和 HDTV 等高要求视频编辑处理方面，可以将两小时的视频压缩到 4 ~ 8GB，这种视频格式包括的文件扩展名有：.mpg、.mpe、.mpeg、.m2v 以及 DVD 的 .vob 文件等；MEPG-4 于 1998 年公布，该格式不是以保证画面品质为主，而是通过高压缩率以最小的数据容量获得较高的画质，主要针对适用于网络的交互能力；RM 格式是由 Real 公司开发的一种流媒体格式文件，主要用于低速率的网络实时传输视频的压缩格式，是目前英特网上最流行的快平台客户 / 服务器结构多媒体应用标准。MOV 格式原本用于 Apple 公司基于 Mac 计算机开发的 QuickTime 图像和视频处理软件，QuickTime 可以支持静态的 *.pic 和 *.jpg 图片文件，也可以支持 *.mov 和 *.mpg，Apple 公司也推出了 Windows 版本的 QuickTime。Windows Media 格式采用 MPEG-4 的视频压缩技术，音频编码是微软自行开发的一种编码方案，被称为 Microsoft MPEG-4 Codec，常见的格式有 ASF、WMV、WMA 等流媒体文件。

（3）数字动画后期处理软件

市场上有很多数字合成软件，有的把合成画面所需要的一个个步骤作为单元，每一个步骤接受一个或几个画面的处理，按照工作流程把若干步骤连起来，使原始的素材经过种种处理，最终得到合成结果，像 MayaFusion、Composer、Shake 等。也有软件把画面按照图层的方式来处理，每一层对应一段需要处理的素材，调整每一层的设定，最后把所有层按一定的顺序叠合排序，最后合成画面。Adobe 公司的 After Effect、Adobe Premiere 和 Logic 公司的 Inferon、Flint 和 Soft Image 都是这类软件。这两种方式各有所长，前者适合做精细的特效镜头，适合大制作的特效电影，有很好的硬件支持以及相对充裕的制作研发时间；后者适合做一些要求高效简单的制作，相对于前者更易上手，制作速度快，可以清晰地划分画面层次。

6.2.3 Adobe Premiere和After Effects使用简介

（1）Adobe Premiere Pro CS使用简介

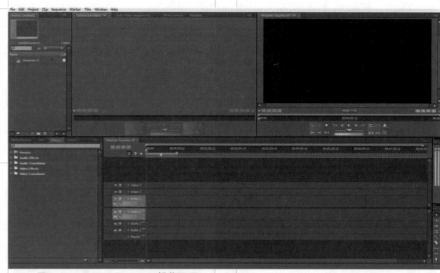

图6-63　Adobe Premiere操作界面

①界面介绍。

Tools（工具面板）：每个图标代表一个执行特定功能的工具，包括选择、移动、缩放素材长度、裁剪等，通常是编辑功能。

Timeline（时间线）：大部分实际剪辑在这里完成。在Timeline面板上创建视频序列（指编辑过的视频片段或者整个项目，动画往往是连续的图片序列帧）。视频序列的优点之一是可以嵌入，把某些视频序列放置到其他视频序列中去。我们还可以将完整的任务分解成若干个易处理的小视频序列。

Tracks（轨道）：可以在无限数量的轨道上分层、合成视频剪辑、图形图像和字幕。放置在高层轨道的视频序列会覆盖其在下方轨道上的内容，和Adobe公司的平面软件PhotoShop的图层有些类似。所以，可以通过设置透明度或改变大小或增加合成效果等方法显示出低轨道上的视频序列。

Monitors(监视窗口)：Source Monitors(信号源监视窗口)用来观看和剪切原始素材。Program Monitors(项目监视窗口)用来观看正在处理的项目。

Project Panel（项目面板）：在这里放置项目素材的连接。这些素材包括视频剪辑、音频文件、图形、静态图像和序列，可以通过文件夹来管理这些文件。

Media Brower Panel（媒体浏览器面板）：在这里可以浏览文件系统，快速查找文件。

Effect Panel（效果面板）：包括Preset（预设）、Audio Effect（音频效果）、Audio Transition（音频切换）、Video Effect（视频效果）、Video Transition（视频切换）等功能。

Effect Controls（效果控制面板）：可以控制基本的Motion（运动）、Opacity（不透明度）和Time Remapping（时间重映射）和从Effect Panel调入的效果，这些都是通过设立关键帧再随着时间轴调整的。

Audio Mixer（调音台）：类似于音频制作的硬件设备。

Info（信息面板）：选择可获取当前选取的所有素材、序列中选取的剪辑或者切换特效的数据快照。

History（历史记录面板）：最多能记录编辑过程中的32步操作，可以用来返回某一步操作的先前状态。

②色彩校正和时间调整。

动画渲染时，由于灯光的原因，往往会使每个分镜头导出的画面不那么统一。当色调还不是那么令人满意的时候，用户可以在 Premiere 中调整画面的色彩。只要将特效中的颜色效果拖放到时间线上的动画镜头剪辑上，或者选定一个剪辑，将特效拖放到效果控制面板上。可以在一段剪辑中组合多种特效，并在特效控制面板中单独控制每一个关键帧的属性和强度，还可以通过 Bezier 曲线来调整这些变化的速率与加速度。下面主要介绍一些常用色彩控制特效。

Tint（着色）：让剪辑产生总体偏色的一种方法。

Change Color（修改颜色）：和着色类似，但是有更多的控制和更大的颜色范围。

Ramp（渐变）和 4 Color Gradient（四色渐变）：创建和原始图像混合的渐变色。

Color Balance（色彩平衡）：色彩平衡对中间调、阴影和高光中的红、绿、蓝值提供的控制功能最强，Color Balance 中 HLS 只能控制总体色相、饱和度和亮度，RGB 只能控制红绿蓝色值。

Auto Color（自动颜色调整）：是一种快速简单的色彩平衡方法。

RGB Color Corrector 和 RGB Curves（RGB 色彩校正器和 RGB 曲线）：提供对阴影、高光色调范围控制以及对 Gamma（中间调）、Pedestal（亮度）和 Gain（对比度）的控制。

Luma Color（亮度色彩）和 Luma Curve（亮度曲线）：调整剪辑中高光、中间调和阴影内部的亮度和对比度，也能校正所选颜色范围内的色相、饱和度和亮度。

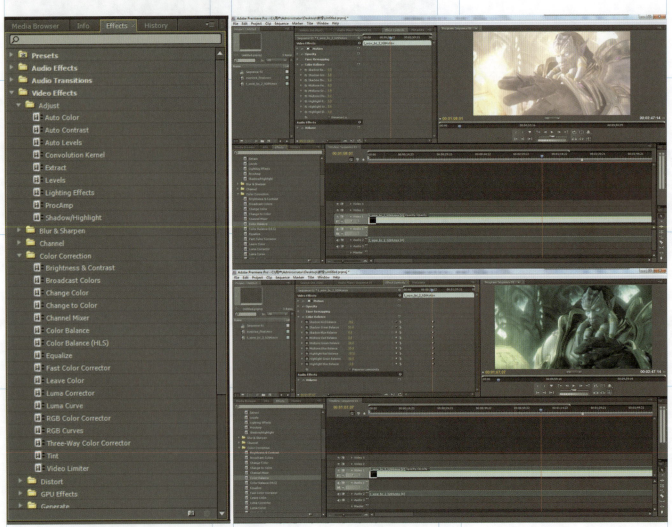

图6-64　色彩控制

Color Match（色彩匹配）：可以让场景置于不同颜色灯光下进行全面的配色，例如将白炽灯和荧光灯下的场景进行颜色匹配。

在调整时间长度方面最常用的是选中时间线上影片剪辑，然后单击鼠标右键选择 Speed/Duration（速度 / 时长）。例如我们把速度变慢一倍（50%），时长则增加一倍（200%）。反之，如果我们将时长变成原来的一半，速度则自动变成原来的两倍。如果将"速度"和"时长"解锁，当速度变慢时软件则自动裁剪多余的部分。在该功能窗口中，还有两个选项 Maintain Audio Pitch（保持音频同步）和 Reverse Speed（反向播放）。前者勾选后无论视频如何调速，音频均保持原来的音调，这在动画中做一些小的速度调整时非常有用。后者则是按时间轴的反向进行视频播放，满足一些特殊画面需要。如果我们需要在一段影片剪辑上进行多次变速的话，还可以打开关键帧，把影片剪辑下面显示的关键帧调整成速度，按照时间轴上的百分比来调整影片剪辑速度。

图6-65　时间与速度

③合成和抠像。

Premiere 中时间线上的轨道就像是 Photoshop 中的图层，除了上层的视频轨道优先于下层的轨道外，为了制作需要，还可以调整剪辑的不透明度、Alpha 通道特效和抠像特效等。在保留 Alpha 透明通道的图片序列或视频素材中可以添加 Alpha Glow（发光）、Bevel Alpha（斜面）、Channel Blur（通道模糊）和 Drop Shadow（投影）。这些都能在 Effect（效果）面板中的 Stylize（风格化）中找到，并且可以通过关键帧进行调整。

通过 Effect（效果）面板中 Keying（键控命令）里的 Blue Screen（蓝屏）、Chroma（色度）、Color（颜色）、Non-Red（非红色）、RGB Difference（RGB 差值）、Luma（亮度）、Multiply（正片叠底）、Matte（蒙版）（包括 Garbage/Difference/Remove/Track 等）等来创建影片剪辑中的透明或者不透明部分。

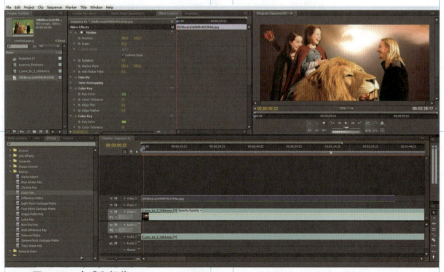

图6-66　合成和抠像

（2）Adobe After Effects使用简介

After Effects 往往用于制作一些简单的片头动画和相对复杂的视频特效。通常也是需要通过一些插件来完成，这里简单介绍一下 After Effects 的工作界面。它和 Premiere 一样是时间控制的软件，主要有工具面板、项目面板、合成面板、时间线面板、预览面板、特效面板等。由于 After Effects 的操作相对 Premiere 更偏向于影片剪辑特效的创建，这里就用一个实例《冲击波》来说明一下该软件的基本使用和该软件通过"虚拟镜头"工具对平面素材进行空间处理的方法。操作步骤如下：

①打开 After Effects，执行 File → New → New Project（新建工程快捷键为 Ctrl+Alt+N），如图6-67所示。

②执行菜单 Composition → New Composition 新建合成命令（快捷键为 Ctrl+N），在弹出的新建合成窗口中，Composition Name 输入为"光环"，Preset 设置随意（按照自己需求），时间设置为 8 秒（图6-68）。

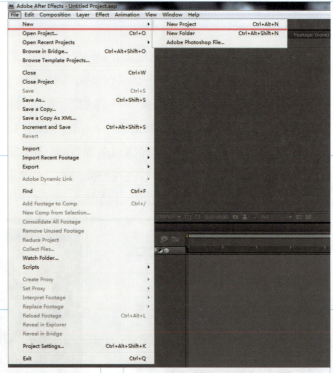

图6-67

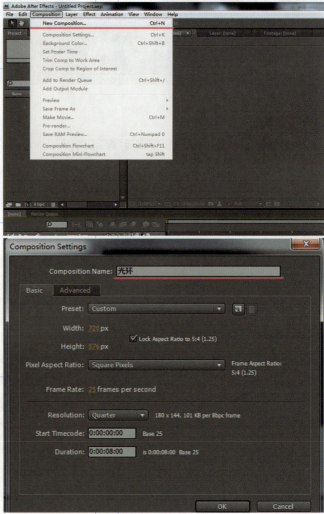

图6-68

③给新建的合成添加固态层，点击 Layer → New → Solid（快捷键为 Ctrl+Y），如图 6-69 所示。

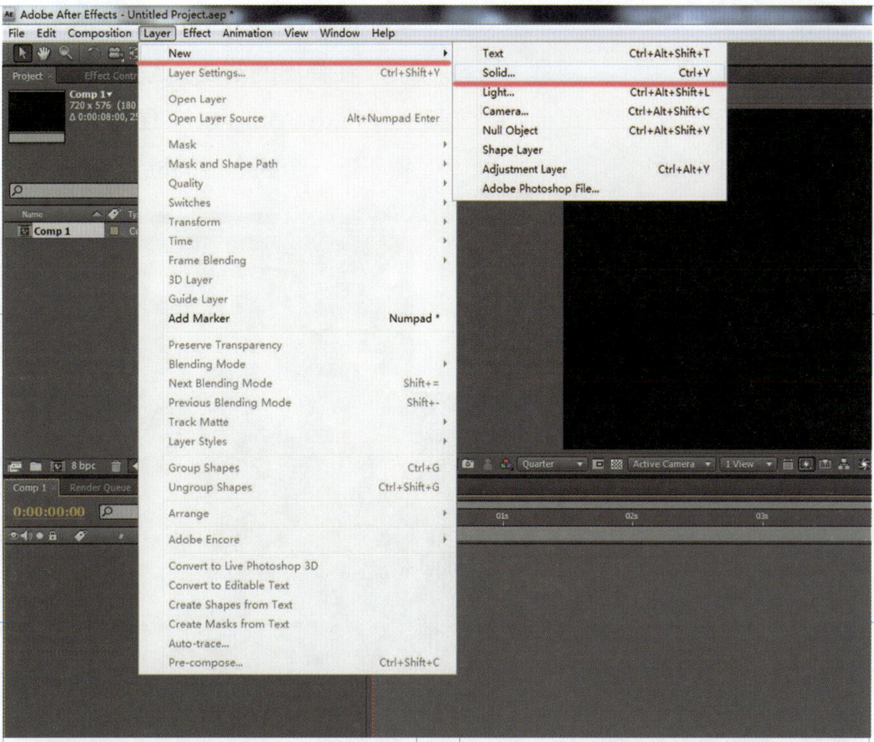

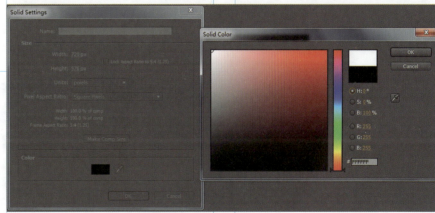

图6-69

④在弹出的新建固态层窗口中，设置大小与合成相同，点击 Make Comp Size 即可，同时设置 Color 为白色（图 6-70）。

图6-.70

⑤使用工具架中的圆形遮罩工具，在合成窗口中绘制出正圆形遮罩，按住 Shift 的同时，绘制出的圆形便为正圆形（图 6-71）。

图6-71

⑥再次点击 Layer → New → Solid（Ctrl+Y），再新建一个固态层。

在弹出的新建固态层设置窗口中，设置大小与合成"光环"等同，点击 Make Comp Size 便可，设置 Color 为黑色。绘制出一个圆形遮罩，设置于下一个固态层的位置，形成一个白色圆环状（图6-72）。

图6-72

⑦选择黑色固态层，执行 Effect → Stylize → Roughen Edges，为该层添加粗糙边特效（图6-73）。

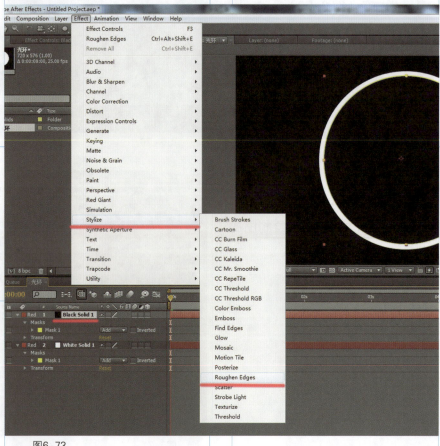

图6-73

⑧按 F3 键，打开特效控制面板，设置 Roughen Edges 的参数，将时间设置为 0 秒。点击 Evolution 前面的关键帧按钮，为其添加一个关键帧。并设置参数为 0，将时间拖到 6 秒处，设置 Evolution 的参数为 4.0，软件将在 6 秒处自动添加一个关键帧（图 6-74、图 6-75）。

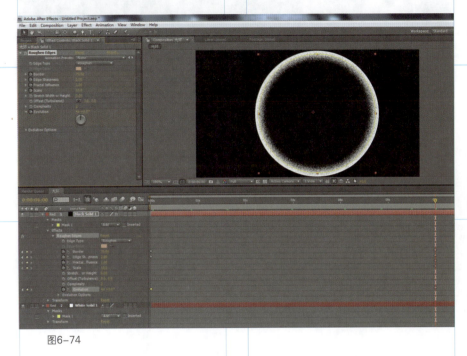

图6-74

⑨再新建一个合成项目，点击 Composition → New Composition(快捷键为 Ctrl+N)。设置同合成"光环"一样（图 6-76 ）。

图6-75

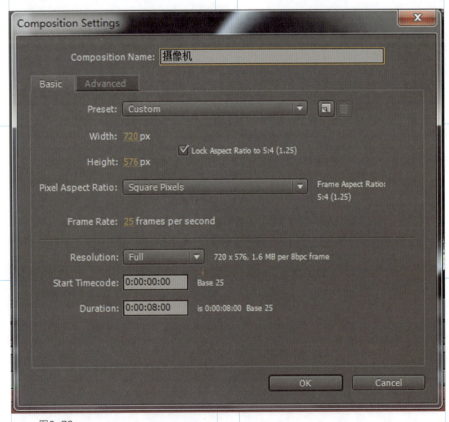

图6-76

图6-77

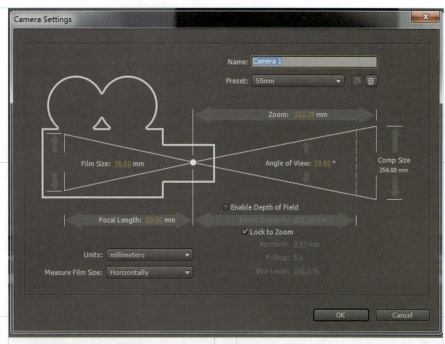

图6-78

⑩为新建立的合成添加一个摄像机层，点击：Layer → New → Camera，参数全部使用默认（图6-77、图6-78）。

⑪拖动合成冲击光环特效到合成 Comp1 中。调整两个层的位置，打开三维图层开关。展开层的变换属性，设置X Rotation、Y Rotation的参数。

将时间设置为 0 秒，展开 Scale 参数，点击前面的关键帧按钮，设置关键帧。

将时间设置到 7 秒 24 帧处，设置 Scale 的值，直到光环的大小超出显示框，系统将自动在这个位置添加一个关键帧（图6-79）。

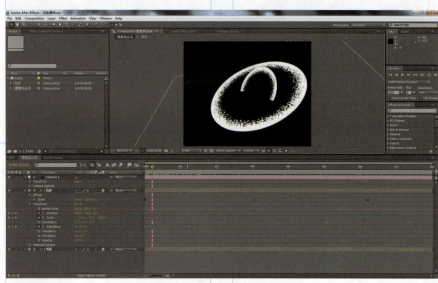

图6-79

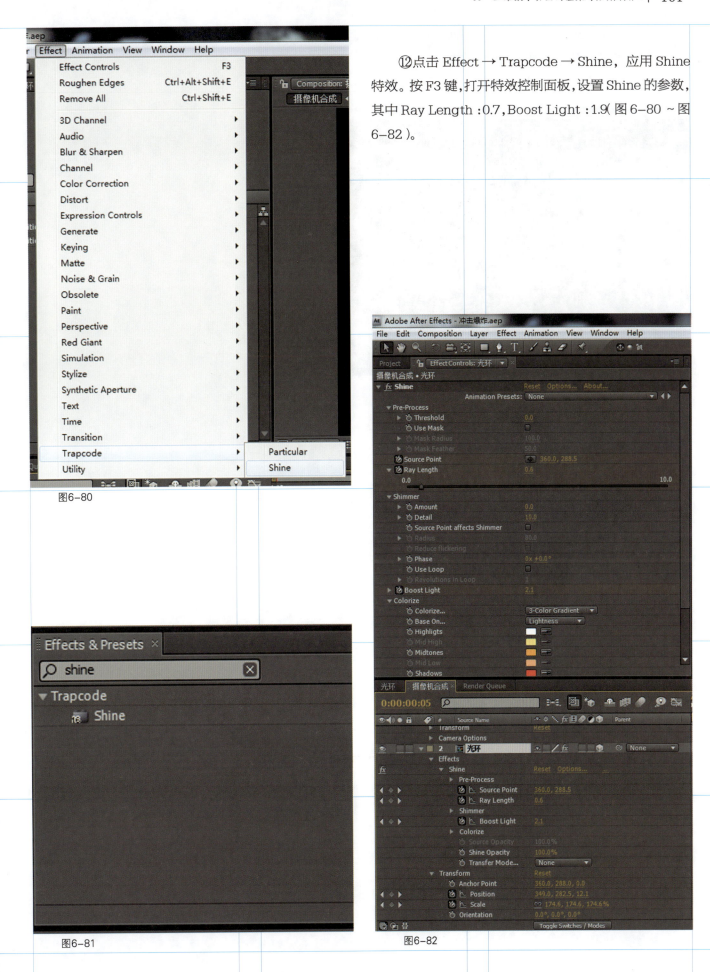

⑫点击 Effect → Trapcode → Shine，应用 Shine 特效。按 F3 键，打开特效控制面板，设置 Shine 的参数，其中 Ray Length :0.7，Boost Light :1.9（ 图 6-80 ~ 图 6-82 ）。

图6-80

图6-81

图6-82

⑬展开 Colorize，设置色彩，可根据需要设置自己需要的发光色彩效果。在此，笔者选用的是 Chemistry 效果。

教程到此结束，最终效果如图 6–83 所示。

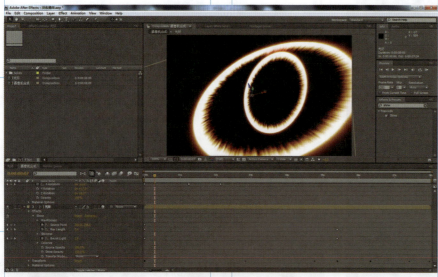

图6–83

【本章小结】

本章详细介绍了如何使用 3DS Max 软件的相关高级渲染器，以 V–ray 作为重点，介绍了大场景的渲染和微观场景的渲染。第二节详细介绍了影视后期合成方面的相关原理和技术要领，结合实际案例介绍了两款主流软件 Promiere 和 AE 的使用特点。

【练习题】

1. 完成上一章所做动画的后期渲染和影视合成。

数字动画制作案例分析

本章以上海工程技术大学多媒体学院 03 级学生李广宇、陈洁霓、尚振宇的毕业设计——三维数字动画《家园》作为实际案例，详细介绍三维数字动画的制作流程。

7.1 动画《家园》的前期策划

故事剧情介绍：《家园》的主题是描写人对自然的过度开发，使野生动物失去原有栖息地，生存环境日益恶化，最终迫不得已向人类饲养的家禽家畜发起了进攻。影片通过动物模拟人类去进行一场"现代化"战争的形式，表达了野生动物捍卫生存权利的决心。战争的结果最终以出人意料的"和平方式"结束，表现了作者希望通过动画片的形式唤醒人们保护自然、保护生态平衡的良好愿望，故事内容有趣又富有启发意义。

故事的主角是以代表人类的家禽家畜和代表自然环境的野生动物为两大阵营。动画片设定的目标观众为学龄前儿童，造型风格设定为一等身的卡通形象。

图7-1 《家园》宣传海报

7.1.1 角色造型概念设计

家禽阵营：小鸡、牛、猪、鸽子。

图7-2 小鸡造型概念设计

图7-3 牛造型概念设计

图7-4 猪造型概念设计

图7-5 鸽子造型概念设计

野生动物阵营：乌鸦、犀牛、刺猬。

图7-6 乌鸦造型概念设计

图7-7　犀牛造型概念设计

图7-8　刺猬造型概念设计

7.1.2 动画场景概念设计

动画创作之初，完成场景的手绘设计草图，确定的场景设计风格要与动画剧本和角色设计相符合。

图7-9　厕所概念设计

图7-10　住房概念设计

图7-11　马厩概念设计

图7-12　牛棚概念设计

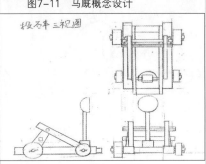

图7-13　投石车概念设计

7.1.3 故事版分镜头剧本设定

分镜头剧本设定要仔细考虑动画中每一个分镜头持续的时间长度、摄像机角度、运动轨道，镜头中的场景设计、角色运动、角色对话、音效，环境灯光，特效运用。分镜头剧本是接下来动画创作的依据，十分重要，必须反复认真地讨论修改。

《家园》动画设定了 81 个分镜头，时间长度定为 240 秒左右，分镜头剧本前后一共经历了三稿才基本确定（如图 7-14 ~ 图 7-20 所示）。

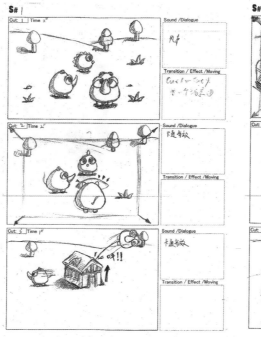
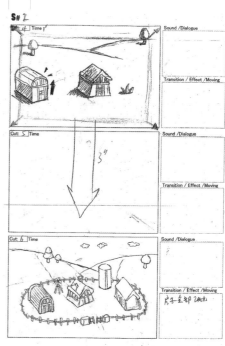
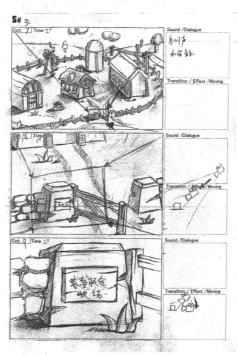
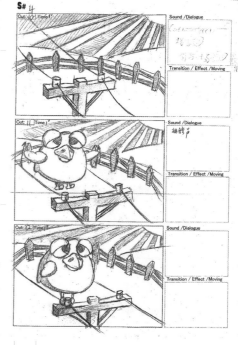

图7-14 《家园》分镜头剧本（1）

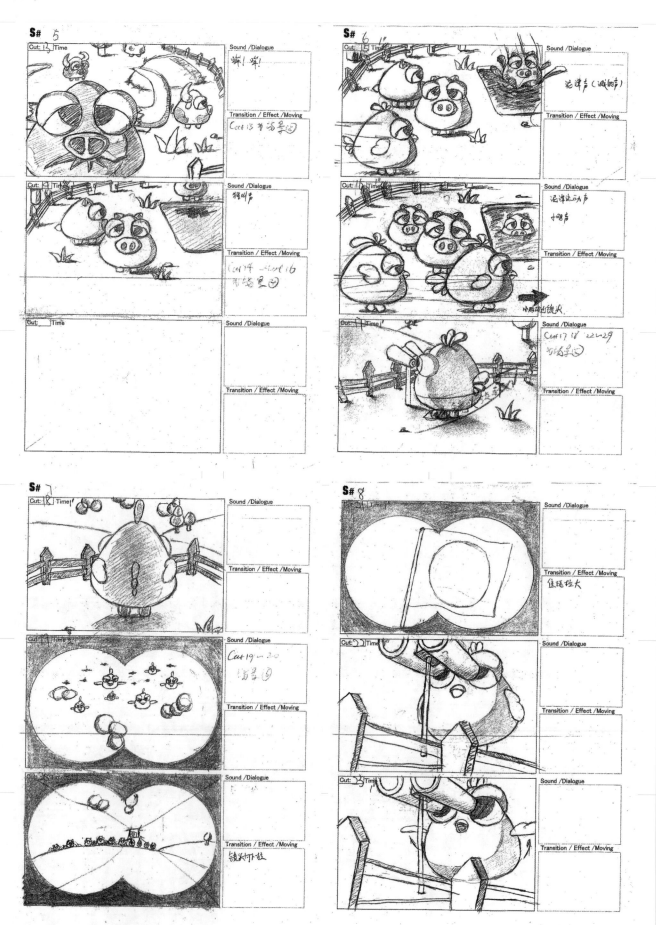

图7-15　《家园》分镜头剧本（2）

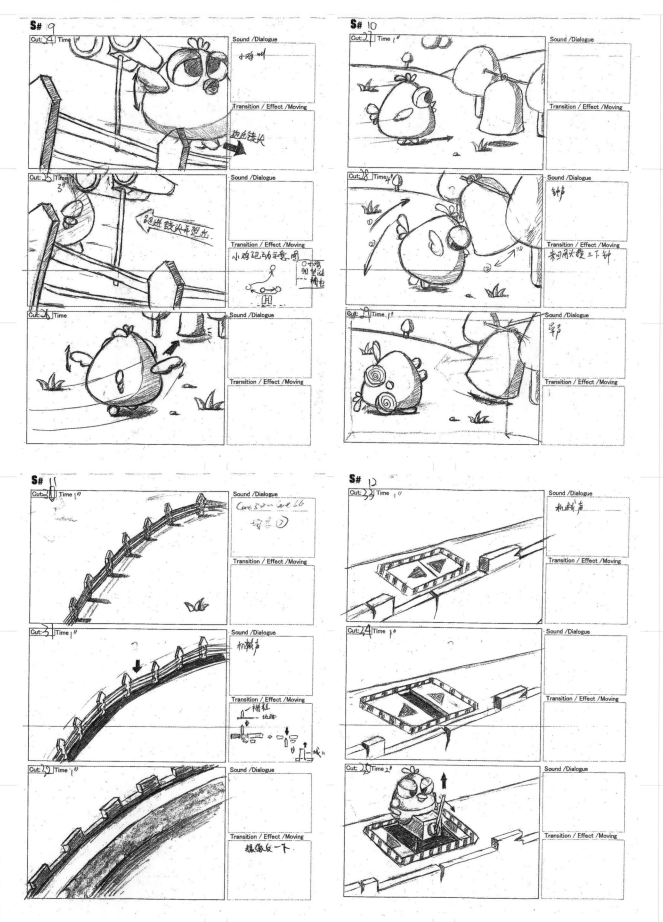

图7-16 《家园》分镜头剧本（3）

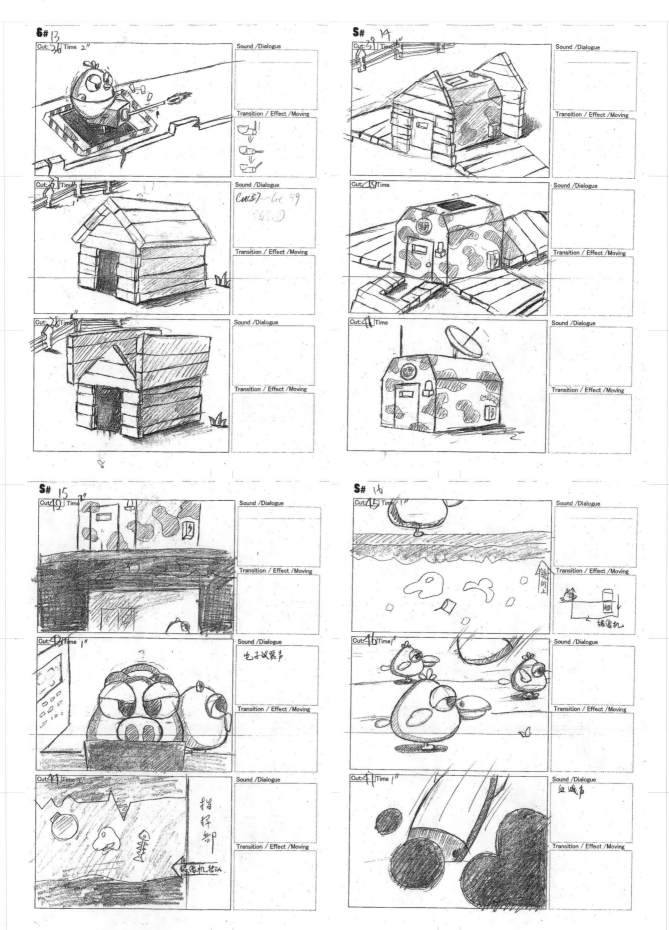

图7-17 《家园》分镜头剧本（4）

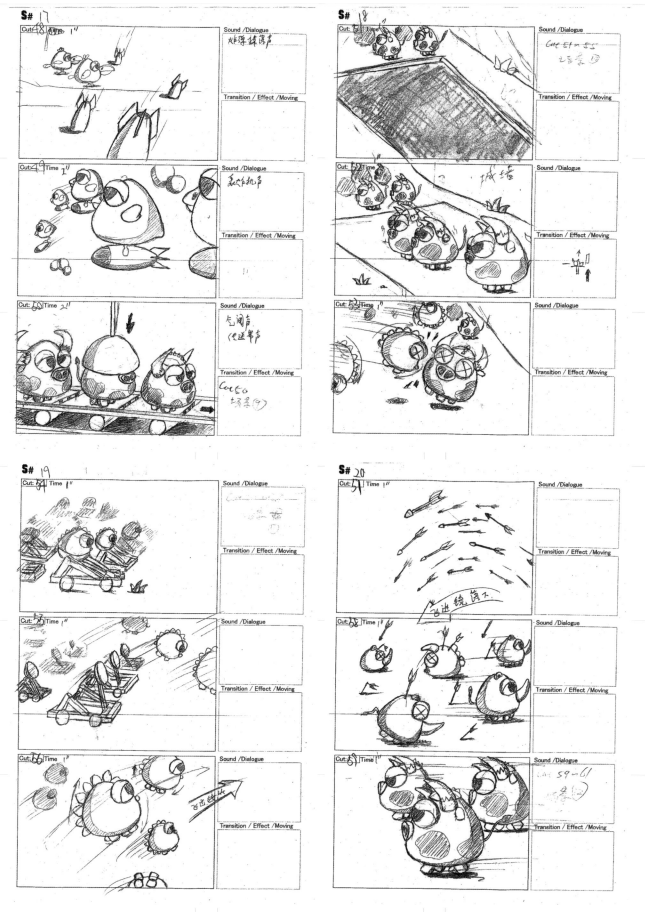

图7-18 《家园》分镜头剧本（5）

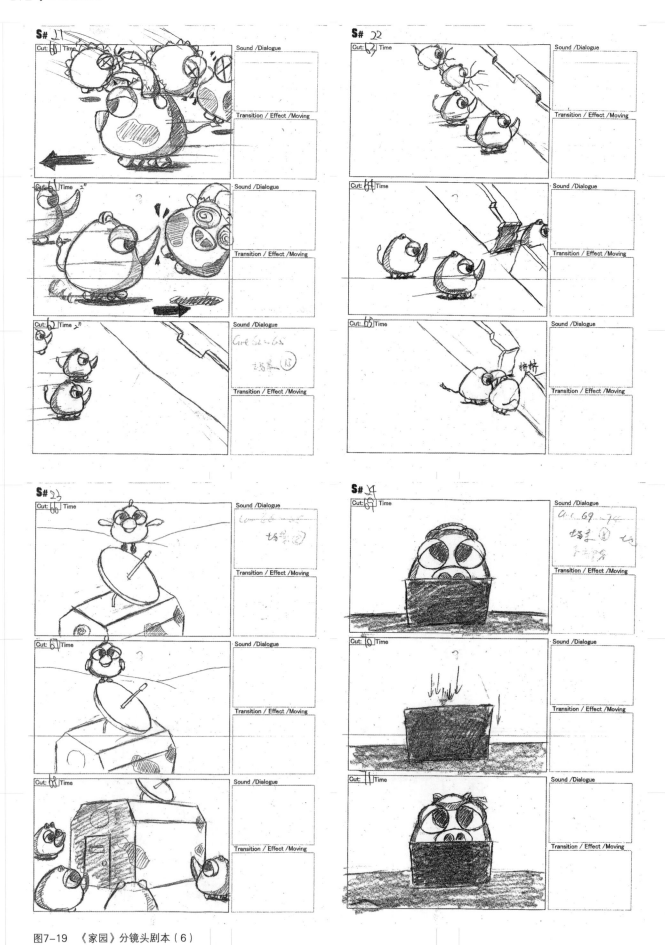

图7-19 《家园》分镜头剧本（6）

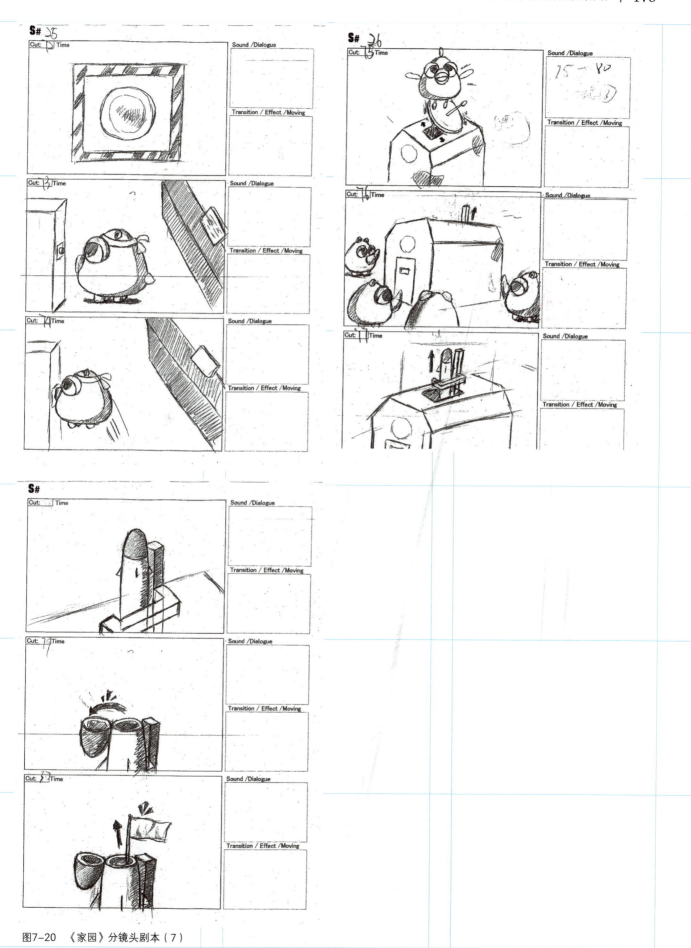

图7-20 《家园》分镜头剧本（7）

7.1.4 彩色故事版

完成了分镜头剧本后，接下来要完成的是彩色故事版的绘制。这一步骤确定动画的色彩效果，同样要依据剧本故事要求来创作。

图7-21 《家园》彩色故事版（1）

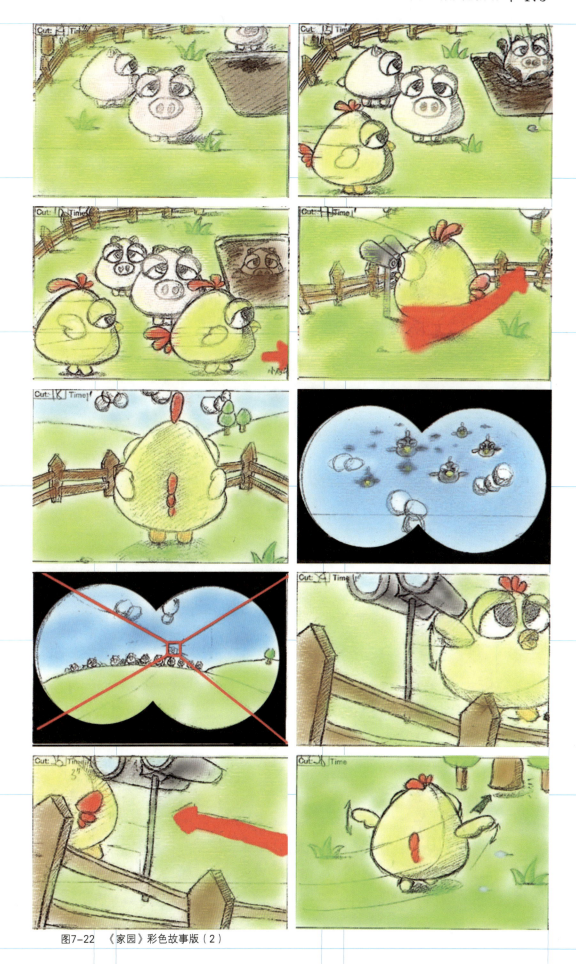

图7-22 《家园》彩色故事版（2）

图7-23 《家园》彩色故事版（3）

图7-24　《家园》彩色故事版（4）

图7-25 《家园》彩色故事版（5）

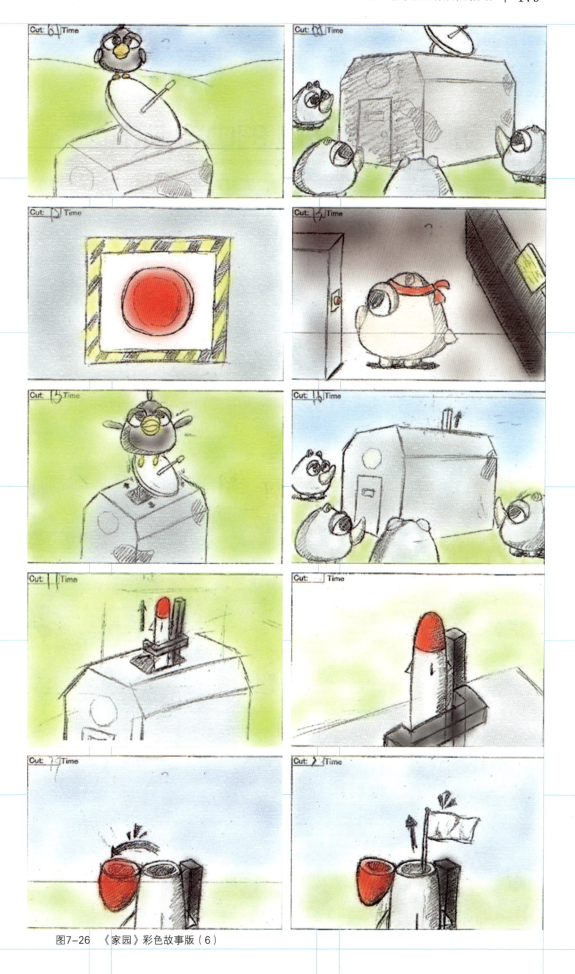

图7-26 《家园》彩色故事版（6）

7.2 动画片《家园》的中期制作

在完成了动画前期制作——故事板和彩色分镜头剧本以后，接下来进入工作量相对集中的中期制作过程。中期制作主要集中在电脑操作上，需要付出大量的时间和耐心。完成了对角色概念的设计和修改以后，开始进入角色模型的三维制作、动画调试、灯光特效渲染。建模部分技术详见前章。

7.2.1 电脑平面矢量图

运用平面软件（Illustrator、Photoshop、Painter）绘制角色三视图，作为下一步进行三维建模的依据。

图7-27　角色设定矢量图

7.2.2 角色三维模型

使用 3DS Max 进行建模、贴图，完成初步的三维模型制作。技术步骤如前章所述。至于骨骼绑定、关键桢设定等高级技术将在今后的教材中详细讲解。

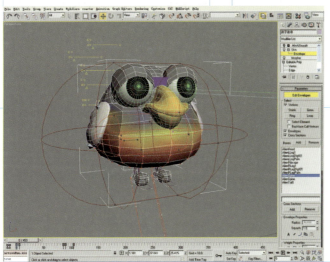

图7-28 鸽子建模、贴图Modeling Mapping、渲染效果

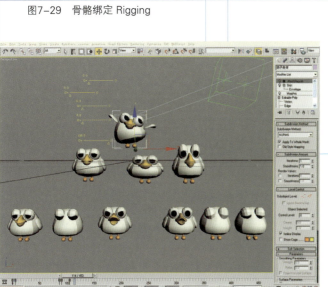

图7-29 骨骼绑定 Rigging

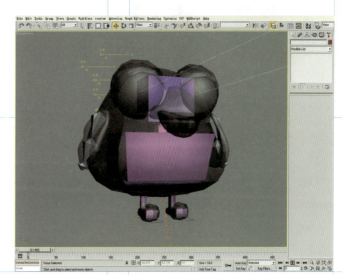

图7-30 眼球设定

图7-31 Morph变形设定

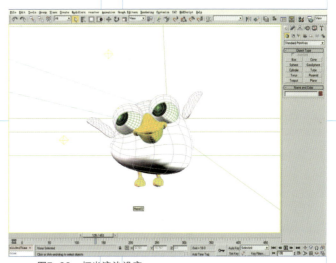

图7-32 灯光渲染设定

图7-33　猪造型完成

图7-34　刺猬造型完成

图7-35　鸡造型完成

图7-36　牛造型完成

图7-37　乌鸦造型完成

图7-38　犀牛造型完成

其他角色三维模型完成，如左图所示。

7.2.3　场景三维建模

场景的建模方法同角色建模。在场景建模的过程中要注意控制多边形的数量，并使它在电脑运算能力范围内，寻求电脑运算的极限和动画质量之间的平衡点。

场景灯光设置和特效制作已经在教材第六章讲解过，请查看。

图7-39 场景设定图

图7-40 场景渲染图

图7-41 动画截图

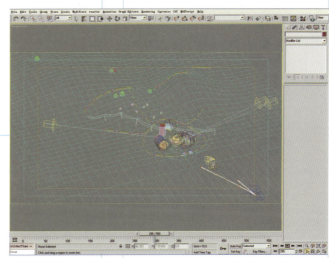

图7-42 场景灯光布置

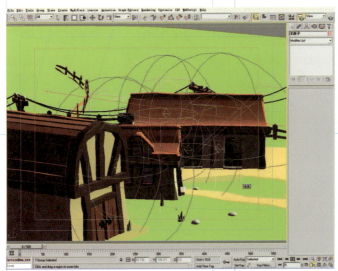

图7-42 制作过程

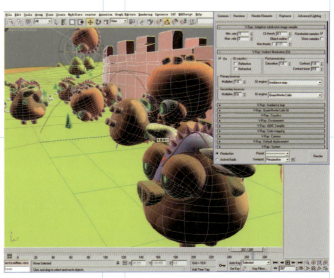

参考文献

1. 徐刚（著），郑顺义（译）. 由2维影像建立3维模型. 武汉大学出版社

2. 张健. 3DS Max7 Wow book 建模篇. 中国电力出版社，2005

3. Richard Williams. The Animators Survival Kit

4. Jason Osipa. Stop Staring–Facial Modeling and Animation Done Right

5. Mark Simon. Facial Expressions

6. Steve Roberts. Character Animation in 3D

7. 逍遥羽. 浅谈电脑3D技术发展

8. 彭吉象. 电影银幕世界的魅力. 北京大学出版社，1991

9. 大众电影，2002（2）

10. 当代电影，2001（5）

11. David Kushner（著），孙振南（译）. DOOM 启示录（Masters of DOOM）. 电子工业出版社，2004

12. 软硬武略. 脱去 DOOM3 的美丽外衣——DOOM3 游戏引擎解析. 家用电脑与游戏，2004

13. 普莱斯（著），吴怡娜（译）. 皮克斯总动员——动画帝国全接触. 中国人民大学出版社，2009

14. 赖斯·帕德鲁（Les Pardew），罗振宁（译）. 2D 与 3D 人物情感动画制作. 中国科学技术出版社。2009

15. Sherri Sheridan（著），任秀静、郝佳、刘璐（译）. 数字短片创作. 人民邮电出版社，2009

16. http://www.dabaoku.com/ 网页制作大宝库

本书附带光盘包含《家园》动画的动画稿、完成稿。

后记

随着计算机图形学技术（computer graphics，CG）的迅猛发展，数字三维（three-dimensional,3D）图形图像技术基本成熟,我们从传统的二维影像进入"三维"（计算机显示器作为一个平面，只能借助屏幕色彩灰度的不同利用双眼立体视觉原理,使人眼产生错觉，将二维感知成三维）影像的时代。目前，全国已有超过 200 所高校开设了相关课程。3D 影像基础是一门引导学生进入数字媒体设计专业领域的基础性课程，教学目的是让学生在提高艺术造型修养的同时真正获得多媒体设计师所应具备的计算机图形学的技术能力。数字艺术的推动力表面上看是技术,但更重要的是观念,它是艺术观念与技术表现之间相互作用的结果。

为此，上海工程技术大学中韩合作多媒体设计学院在教学思路、方法及课程内容与知识结构方面，都作了深入的探究与实践。作为国内较早从国外引入此类课程的高校，笔者从 2003 年起一直与韩国张德镇（Jang Duk Jin）教授合作担任 3D 影像基础 Ⅰ/Ⅱ 的教学工作，在教学实践中探索了一条适应数字媒体设计专业所需的教学方法。

《3D 影像基础》作为多媒体设计的基础课程，在教学过程中，首先是要激发起学生的学习兴趣和他们的创造性思维，让他们在教程大纲要求范围内，发挥聪明才智，用个性化的作品淋漓尽致地表现自我。同时，教师应具备扎实的专业技能和宽广的专业视野，要能够为学生指明方向、树立目标，为他们提供更多可选择的表现手法，帮助学生树立起学习的信心。

3D 影像基础课程与以往的绘画造型基础课程有很大的不同：要借助于三维软件（如：3DS Max / Maya）在电脑上完成设计制作。就课程训练的根本任务而言，是对学生的观察能力、思维能力、表达能力进行训练，即以"眼"、"脑"、"手"三者协调运作的"整体视觉思维方式"，结合本课程相关知识内容及课题，而开展的三大能力训练。扎实的美术功底加上熟练的计算机软件操作能力，是学好本课程的两大前提，缺一不可。

本书力求理论与实践相结合，突出专业特点，适应社会就业需求，尊重数字艺术创作规律，严格把握数字艺术教学体系，努力推出课程精品，使授课者易教，受教者易学，自学者见长。

本教材第一章、第二章、第三章、第六章由蒋正清完成，第四章由蒋正清、李广宇合作完成，第五章由闵世豪与宁书家合作完成。书中所用图片和电子教程由韩国教授张德镇提供。因教学需要引用了部分图片，对原作者表示感谢。

蒋正清

2012 年 1 月